銘輝博士／主編

旅館經營管理實務

（3rd Edition）

Practical Hotel Management

楊上輝◎著

揚智觀光叢書序

觀光事業是一門新興的綜合性服務事業，隨著社會型態的改變，各國國民所得普遍提高，商務交往日益頻繁，以及交通工具快捷舒適，觀光旅行已蔚爲風氣，觀光事業遂成爲國際貿易中最大的產業之一。

觀光事業不僅可以增加一國的「無形輸出」，以平衡國際收支與繁榮社會經濟，更可促進國際文化交流，增進國民外交，促進國際間的瞭解與合作。是以觀光具有政治、經濟、文化教育與社會等各方面爲目標的功能，從政治觀點可以開展國民外交，增進國際友誼；從經濟觀點可以爭取外匯收入，加速經濟繁榮；從社會觀點可以增加就業機會，促進均衡發展；從教育觀點可以增強國民健康，充實學識知能。

觀光事業既是一種服務業，也是一種感官享受的事業，因此觀光設施與人員服務是否能滿足需求，乃成爲推展觀光成敗之重要關鍵。惟觀光事業既是以提供服務爲主的企業，則有賴大量服務人力之投入。但良好的服務應具備良好的人力素質，良好的人力素質則需要良好的教育與訓練。因此觀光事業對於人力的需求非常殷切，對於人才的教育與訓練，尤應予以最大的重視。

觀光事業是一門涉及層面甚爲寬廣的學科，在其廣泛的研究對象中，包括人（如旅客與從業人員）在空間（如自然、人文環境與設施）從事觀光旅遊行爲（如活動類型）所衍生之各種情狀（如產業、交通工具使用與法令）等，其相互爲用與相輔相成之關係（包含衣、食、住、行、育、樂）皆爲本學科之範疇。因此，與觀光直接有關的行業可包括旅館、餐廳、旅行社、導遊、遊覽車業、遊樂業、手工藝

品以及金融等相關產業等，因此，人才的需求是多方面的，其中除一般性的管理服務人才（例如會計、出納等）可由一般性的教育機構供應外，其他需要具備專門知識與技能的專才，則有賴專業的教育和訓練。

然而，人才的訓練與培育非朝夕可蹴，必須根據需要，作長期而有計畫的培養，方能適應觀光事業的發展；展望國內外觀光事業，由於交通工具的改進、運輸能量的擴大、國際交往的頻繁，無論國際觀光或國民旅遊，都必然會更迅速地成長，因此今後觀光各行業對於人才的需求自然更爲殷切，觀光人才之教育與訓練當愈形重要。

近年來，觀光學中文著作雖日增，但所涉及的範圍卻仍嫌不足，實難以滿足學界、業者及讀者的需要。個人從事觀光學研究與教育者，平常與產業界言及觀光學用書時，均有難以滿足之憾。基於此一體認，遂萌生編輯一套完整觀光叢書的理念。適得揚智文化事業公司有此共識，積極支持推行此一計畫，最後乃決定長期編輯一系列的觀光學書籍，並定名爲「揚智觀光叢書」。依照編輯構想，這套叢書的編輯方針應走在觀光事業的尖端，作爲觀光界前導的指標，並應能確實反映觀光事業的眞正需求，以作爲國人認識觀光事業的指引，同時要能綜合學術與實際操作的功能，滿足觀光科系學生的學習需要，並可提供業界實務操作及訓練之參考。因此本叢書將有以下幾項特點：

1. 叢書所涉及的內容範圍儘量廣闊，舉凡觀光行政與法規、自然和人文觀光資源的開發與保育、旅館與餐飲經營管理實務、旅行業經營，以及導遊和領隊的訓練等各種與觀光事業相關課程，都在選輯之列。
2. 各書所採取的理論觀點儘量多元化，不論其立論的學說派別，只要是屬於觀光事業學的範疇，都將兼容並蓄。

3.各書所討論的內容，有偏重於理論者，有偏重於實用者，而以後者居多。
4.各書之寫作性質不一，有屬於創作者，有屬於實用者，也有屬於授權翻譯者。
5.各書之難度與深度不同，有的可用作大專院校觀光科系的教科書，有的可作爲相關專業人員的參考書，也有的可供一般社會大衆閱讀。
6.這套叢書的編輯是長期性的，將隨社會上的實際需要，繼續加入新的書籍。

身爲這套叢書的編者，謹在此感謝中國文化大學董事長張鏡湖博士，以及產、官、學界所有前輩先進長期以來的支持與愛護，同時更要感謝本叢書中各書的著者，若非各位著者的奉獻與合作，本叢書當難以順利完成，內容也必非如此充實。同時，也要感謝揚智文化事業公司執事諸君的支持與工作人員的辛勞，才使本叢書能順利地問世。

李銘輝 謹識

鄭 序

從創新到顛覆，漫談台灣紡織業垂直整合，到合縱連橫「互聯網＋旅遊業」的國際化戰略：

紡織矽谷在台灣的一塊布，讓全球知名品牌都埋單，台灣紡織業一度是夕陽工業，如今卻是全球紡織業研發重鎮，全球機能性布料市占率達七成，前五大品牌的產品逾八成。

台灣的紡織業因垂直整合產業聚落完整（包含各地回收的廢棄寶特瓶清洗切片／化纖廠抽絲／針織廠織成布／染整廠染色整理），而旅館業如今拜網路之賜，可以透過「互聯網＋旅遊業」合縱連橫跨業整合，提高住房率，除了將本業旅遊供應鏈的旅行社、導遊人員、旅館、旅館員工可分享收益之外，還可以將跨業的土特產品業、養生美容產業、電視購物及商圈客源等行業全部整合一起。

本人近二十年在專研合縱連橫跨業整合中，獲得國家專利的財務分配拆帳系統，再加上與楊教授的「互聯網＋旅遊業」理念吻合，更重要的是與楊教授爲帶動所有相關整合單位或個人的服務動機，我們在市場磨合出提高飯店被房客青睞以淡季作爲業務發展重心的空房產品戰略，讓所有參與者雨露均霑，並且做到「會員共通利益共享」，不同通路整合「交叉運算組織不變」，使飯店與旅行社能夠共同合作接待旅行社無法照顧到的散客市場，同時延伸旅館業外的多元永續收入，增加本業業績大大提升。

兩岸跨境商匯系統Co-Smart@總顧問

鄭偉良

三版序

旅館業一直給人兩種印象，好的旅館標識清楚易找，但散客價格貴得離譜；普通飯店則內部設施無法充分瞭解，到了飯店才發現不合自己要求但不便轉頭走人。

如今拜網路之賜，無論是個別或團體出遊，每一個人從家中即可先行瞭解在國內外旅途中各飯店的價格及內裝情況。

傳統飯店往往太低調，消費房客直到離開飯店還不知道究竟有多少配套設施，無法彰顯消費者的深刻體驗感，經由網路可以發揮宣傳功能，又可以透過及時訊息提供較低房價，因此提高部分住房率。

但是飯店要提高被房客青睞的唯一方法就是服務。飯店如何提高服務品質是生意好壞的關鍵，於是員工教育訓練的話題又成爲大家討論的重點，其實最重要的是如何帶動員工的服務動機，並讓房客充分體驗本飯店的設施與環境而已。

筆者在擔任飯店近四十年從業工作後，加入了「互聯網＋旅遊業」性質的網路集團，擔任中華愛旅網Co-Smart@iTour執行長之職，傳承方面應該仍然秉持原有旅館管理方面的訓練，但是要能加入網路科技的幫助，共同完成旅遊業自由行市場的競爭贏面。

我們試著由補償旅館空房20%最低保本成本方式 明飯店，並以週一到週四的淡季作爲業務發展重心，首先以退休健康老人及學生校外教學爲市場主力，將旅遊供應鏈的旅行社、導遊人員、旅館、旅館員工、土特產品業、養生美容產業、電視購物、旅遊景觀影片等行業人員整合在一起，過去飯店唯恐與旅行社利益衝突不可兼營土特產品，如今可以使用獲得國家專利的財務分配拆帳系統，讓員工可因及時分配較高利潤提升服務動機，使飯店與旅行社能夠共同合作接待旅行社無法照顧到的散客市場。

自由行旅遊成本比團體旅行成本高，但台灣一直無法將這個市場完整顧及，通常是網路上抱怨及被忽視的市場，如今我們以「互聯網＋旅遊業淡季」提高經營的角度來重新審視觀光事業，希望帶來不一樣的市場區隔規劃。

中華愛旅網Co-Smart@iTour執行長

楊上輝

二版序

觀光事業由非主流市場進入完全主流年代市場的時間非常短，記得筆者在1970剛考入中國文化大學觀光學系時，連觀光的定義都非常模糊，請教當時的系主任蔣廉儒先生（也是當時的交通部觀光局長），蔣局長表示就是包含生活中吃喝玩樂的統稱。

當時連一本像樣的中文翻譯書籍都沒有，但四十年後的今天，觀光事業成爲一門新興的綜合服務事業，隨著社會形態的改變，國民所得的增加，商務交往日益頻繁及交通工具快捷舒適，觀光旅遊蔚爲風氣，資訊的快速發展結果，觀光事業成爲國際貿易中最大的產業。

1996年承蒙揚智文化公司的支持，筆者出版了《旅館經營管理實務——籌建規劃之可行性研究暨電腦系統》一書，隨後於2004年出版《旅館會計實務》及《旅館事業概論——二十一世紀兩岸發展新趨勢》，期使讀者對旅館經營管理及未來的趨勢有更深層的瞭解。

本書爲筆者最新著作，內容強調理論與實務並重。第一篇爲旅館經營管理導論，第二篇爲客務管理，第三篇爲房務管理，第四篇爲餐飲管理，第五篇爲行銷管理，第六篇爲財務管理，第七篇爲行政管理。尤其附錄中特別將各種觀光術語予以更詳細的闡述與解釋，希望本書涵蓋現代旅館經營管理所有應用理論與實務的知識，能成爲觀光旅遊相關科系學生及業界服務人士的實用書籍。

有鑒於筆者自觀光系畢業後，歷經三十多年兩岸及國內外的工作經驗，並有機會利用時間在各校教學，深深體認旅館乃爲生活的產業，如何與公司同仁、旅館顧客相處至爲重要，若想提高旅館職場從業的素養，除了學識外必須加強下列觀念：

首先，應擺脫在旅館「就業」的消極理念，而提升至「經營」旅館的工作心態。就業的立場僅著眼於如何安分守己、服從旅館從業準則，而經營則是致力於積極瞭解旅館管理的制度，及設法提出營業預算與經營獲利的藍海策略。

其次，旅館管理是一門多元化搭配的應用科學，一位積極的從業人員不可僅局限於某部門的工作，除了在自己現有的崗位上努力工作外，更要多與各橫向單位充分合作，例如客房部員工要多與餐飲或業務部同仁學習，使自己能從實際操作中多方面瞭解專業知識與技能。

最後，筆者在大陸七年期間經歷了昆山、蘇州、貴州黃果樹及瀋陽等地區高檔旅館及休閒觀光產業的規劃與經營，深刻體認到「物競天擇時代」裡投資方的台商與大陸人都一樣現實，同樣令從業人員心生警惕；員工永遠是最吃虧弱勢的一群！讀者於往後的職業生涯中，無論在海峽任何一方工作，隨時心存憂患意識是非常重要的！一定要利用工作機會廣結善緣，多結交來自世界各地及兩岸的朋友，多學習另一種外語（兼通英、日語是成為旅館經理人的必要條件），並將本書所述的旅館知識好好充實。唯有具備以上可以跳槽的條件，才能在競爭中成長。希望本書所提供的觀念與內容，對讀者能有所助益，使未來的你也能成為優質的旅館經理人。

承蒙揚智文化事業股份有限公司葉忠賢總經理的極力支持，及內人楊陳乃月不眠不休的校對與切磋，才使本書能順利出版，在此特予申謝。對於本書尚有疏漏之處或有任何指教，敬祈各界先進不吝指正。

楊上輝　謹識

目 錄

第六篇 財務管理 221

第七篇　行政管理　295

第一篇

導　論

第一章　旅館的定義及發展

第二章　旅館的造型與設計

第三章　旅館的分類與組織

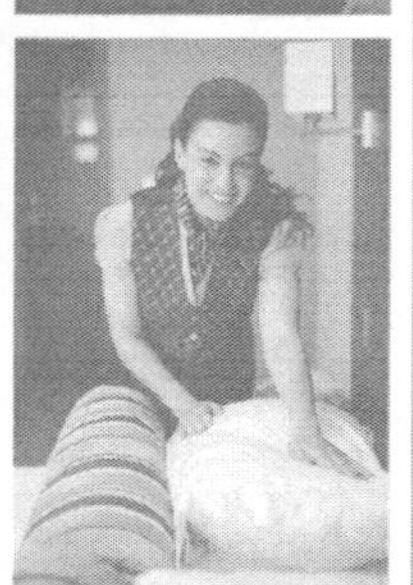

第一章 旅館的定義及發展

- 旅館的定義
- 旅館的特性
- 旅館的發展史
- 專欄——凱悅／君悅（**HYATT**）的歷史和類型

第一節　旅館的定義

何謂旅館？旅館（Hotel）源自拉丁語的Hospitale，意思是貴族在鄉下招待貴賓的別墅。旅館在我國稱爲大飯店、酒店、賓館、山莊等各式各樣的名稱。

英國人韋伯（Sidney James Webb）對旅館所下的定義爲：「一座爲公衆提供住宿、餐飲及服務的建築物或設備，稱之爲旅館。」

我國「發展觀光條例」中對旅館的定義如下（第一章第二條）：

- ·觀光旅館業：指經營國際觀光旅館或一般觀光旅館，對旅客提供住宿及相關服務之營利事業。
- ·旅館業：指觀光旅館業以外，以各種方式名義提供不特定人以日或週之住宿、休息並收取費用及其他相關服務之營利事業。
- ·民宿：指利用自用住宅空閒房間，結合當地人文、自然景觀、生態、環境資源及農林漁牧生產活動，以家庭副業方式經營，提供旅客鄉野生活之住宿處所。

依「觀光旅館業管理規則」（第一章第二條），對旅館的定義如下：「觀光旅館業經營之觀光旅館分爲國際觀光旅館及一般觀光旅館，其建築及設備應符合觀光旅館建築及設備標準之規定。」

觀光旅館業務範圍包括：

1.客房出租。
2.附設餐廳、咖啡廳、酒吧間。
3.國際會議廳。
4.其他經交通部核准與觀光旅館有關之業務，如夜總會之經營。

簡言之，旅館是以供應餐宿、提供服務爲目的，而得到合理利潤的一種公共設施。

美國旅館大王斯塔特勒（Ellsworth Milton Statler）強調「旅館是出售服務的企業」，這是對旅館最具體明確的定義。

第二節　旅館的特性

旅館的特性可分爲一般特性與經濟特性兩種。

一、一般特性

(一)服務性

旅館業爲服務業，係屬於第三產業。好的服務品質，將使顧客感到「賓至如歸」；旅館商品的服務，能提升生活品質。

(二)公共性

旅館將食、衣、住、行、育、樂均包括其中，是一個社交、資訊、文化、休閒的活動中心。

(三)豪華性

旅館的設備宏偉、時尚、舒適，更因室內設計氣氛之互異，令人置身其內，有如進入不同時空之中。

(四)全天候性

旅館二十四小時全天候服務，永遠敞開大門歡迎顧客上門。

二、經濟特性

(一)商品無儲存性

若顧客稀少時，無法將今天未出售的房間留待明天出售，未賣出的房間成爲當天的損失。

(二)無彈性

客房一旦售出，則空間、面積無法再增加，即營業額上限受空間限制，無法任意追加調整。台灣有些小型旅館爲提高客房使用回轉率，白天以休息爲主，而住宿之顧客常要半夜十一時以後才能進住，以觀光旅館之立場，不宜有此銷售方式。

(三)立地性

旅館業務之良窳，所在位置之地理條件非常重要，因此旅館投資之初，對於地點應審愼評估。許多經營良好之旅館常在另地闢建分館，以提高總收益，如國賓高雄館、新竹館，知本老爺酒店均爲顯例。

(四)投資性

旅館業資本密集、固定成本高，人事費用、房屋稅、地價稅、利息、折舊、維護等固定費用占全部開支60%～70%，業者須有龐大資金以供周轉，否則將入不敷出，影響旅館的投資與營運。

(五)季節波動性

旅館所在地區受季節、經濟景氣、國際情勢影響頗大，淡、旺

季營業收入差距甚大。許多旅館旺季時，常需要超額訂房，但在淡季時，則關閉數個樓層，以減少水電及臨時人事費用支出。

(六)客房部毛利高

觀光旅館客房部營業費用低，在合理經營狀況下，營業淨利達35%，若住房率太低，則因固定成本之拖累，而使旅館業績呈現赤字。

(七)社會地位性

觀光旅館爲社交集會中心，許多建設公司老闆，紛紛籌建旅館，除了提升社會地位之外，其建設公司之房屋也易於銷售，可謂名利雙收。

(八)綜合用電

製造業受政府工業政策保護，水電、租稅較輕，而旅館號稱「無煙囪工業」，卻必須以綜合用電方式，負擔較高費用。

第三節　旅館的發展史

有關旅館的發展過程，將以國外及國內兩部分加以說明。

一、歐美旅館發展史

在西洋最早的住宿設備起源於古羅馬帝國時期，當時驛站提供簡單的住宿地方給商人和學者。現代飯店源於歐洲的貴族飯店，西元1898年塞薩．里茲（Cesar Ritz）建立了里茲飯店（Ritz Hotel），他是歐洲貴族飯店經營管理的成功者。此外，美國紐約華爾道夫飯店（Waldorf Hotel）亦是十九世紀著名之代表性旅館。

二十世紀現代商務型飯店的鼻祖爲美國旅館家斯塔特勒，他於1907年建造了布法羅斯塔特勒飯店（Buffalo Statler Hotel），首次推出每間客房配備浴室的新款式。他的經營方法與里茲先生迥然不同，乃是在一般民衆能夠負擔得起的價格內提供必要的舒適、服務與清潔的新型商業飯店，同時他也是連鎖旅館的創始者。

西元1930年世界經濟危機中，在美國將近有八成的旅館宣告破產或遭合併。其後由於汽車旅行之風行，取而代之的是汽車旅館（Motel）。

二十世紀後期，世界經濟繁榮再加上交通運輸工具的發達，旅行風潮盛行，也因此造就了休閒旅館（Resort Hotel）的興起。**表1-1**爲歐美旅館業發展過程表，讀者可參閱之。

二、我國旅館業之發展史

(一)發展概況

我國古代並沒有旅館的名稱，在秦、漢時代有「逆旅」、「驛亭」等住宿的場所。隋、唐時代有供使節代表住宿的「波斯邸」、「禮賓院」，此即相當於目前的國際觀光旅館。

第一次世界大戰後，西式旅館在國內由外商投資，我國才有現代化旅館的設備。至於台灣旅館的起源，以「販仔間」爲代表，爲專門提供做生意的小販休息之場所。

從台灣光復後旅館業的發展可分爲以下五個階段：

◆傳統旅社時代（民國34～44年）

民國34年台灣光復後，由於物質缺乏、人民生活困苦，政府無法顧及觀光事業，台灣可接待外賓的旅館只有圓山大飯店、中國之友社、自由之家及台灣鐵路飯店等四家，其中圓山大飯店可視爲現代化旅館之先鋒，而全台灣之旅社有四百八十三家。

表1-1　歐美旅館發展過程表

時代 特色	客棧時代（旅行行為發生時）	豪華旅館時代（十九世紀後半）	商務旅館時代（二十世紀初期）	現代旅館
利用者	宗教及經濟動機旅行者	特權及富有階段	商務旅行者	1.本地旅客 2.商務旅客 3.觀光旅客
投資者的目的	慈善事業	社會名譽	追求利潤	1.多角經營 2.大資本投資 3.增加公共設施
經營方針	社會義務	迎合貴族需求而服務至上	1.注重規模 2.成本控制 3.價格觀念	1.重視市場開發活動 2.顧客至上 3.注重價值觀念
組織形態	小規模獨立經營	大規模獨立經營	連鎖經營	連鎖經營注重獨立設施之共存
設備	最低必要的條件	豪華富麗堂皇	1.便利化 2.標準化 3.簡易化	1.設備廣泛化 2.機能多樣化 3.重視開創新用途
典型的經營者		塞薩．里茲（Cesar Ritz）	1.斯塔特勒 2.希爾頓 3.威爾森	1. Ernest Henderson (1897-1967)(Sheraton Hotel) 2. J. Willard Marriott (1900-1985) (Marriott Hotel)
代表性的旅館	各種客棧	1.巴黎Grand Hotel 2.紐約Waldorf Astoria	1.Hilton Hotel 2.Holiday Inns	1. Marriott (Corp) 2. Sheraton (Corp) 3. Hyatt Hotel

資料來源：修改自詹益政（1994）。《旅館經營實務》。台北：作者自行發行。

◆觀光旅館萌芽時代（民國45～52年）

民國45年我國開始發展觀光事業，同年11月29日正式成立台灣觀光協會。而民間經營的紐約飯店於同年4月開幕，是第一家在客房內有衛生設備的旅館。繼而有石園、綠園、華府、國際、台中鐵路飯店及高雄圓山飯店之興建，掀起觀光旅館的興建熱潮，此時共有二十六家觀光旅館。

◆國際觀光旅館時代（民國53～65年）

民國53年出現了大型旅館，如台北市國賓大飯店、中泰賓館、統一飯店、華王飯店、台南飯店等相繼開幕。

民國62年台北希爾頓大飯店（現更名爲凱撒大飯店）開幕，使台灣的旅館業進入了國際性連鎖經營的時代。

◆大型國際觀光旅館時代（民國66～84年）

民國66年政府鑒於觀光旅館嚴重不足，特別頒布「興建國際觀光旅館申請貸款要點」，貸款二十八億元給投資者，並且有條件准許在住宅區內興建國際觀光旅館，之後陸續有兄弟飯店、來來飯店（現已更名爲台北喜來登大飯店）、亞都麗緻飯店、環亞、福華、老爺等國際觀光旅館的興起。

民國71年台北喜來登大飯店與喜來登集團簽訂世界性連鎖業務及技術合作的契約。民國73年老爺酒店成爲日航（Nikko）管理系統的一員。民國79年西華大飯店申請加入爲「世界最佳飯店」。民國80年台北凱悅大飯店（現已更名爲君悅大飯店）加入凱悅國際連鎖。

台灣的觀光旅館，已經引進馳名於世的歐美旅館之經營管理技術與人才，使台灣進入了國際化連鎖時代。

◆大型休閒觀光旅館時代（民國85年至今）

民國88年六福皇宮加入威斯汀連鎖旅館（Westin Hotels and Resorts）的一員。民國90年華泰大飯店加入王子大飯店（Prince）連鎖系統。日月潭涵碧樓大飯店加入GHM旅館經營管理集團，但已於民國95年解約自行經營。

(二)國際觀光旅館的規模與分析

至民國102年12月止，台灣之國際觀光旅館，共計七十一家，客房數爲20,461間，以客房數的多寡，可分爲八種規模，分述如下（**表1-2**）：

表1-2　2013年國際觀光旅館規模

規模	家數	客房數（間）	比率（%）
701間以上	1	865	4.23
601～700間	3	1,954	9.55
501～600間	2	1,161	5.67
401～500間	7	2,960	14.47
301～400間	12	4,208	20.57
201～300間	27	6,525	31.89
101～200間	14	2,358	11.52
100間以下	5	430	2.10
合計	71	20,461	100.00

資料來源：交通部觀光局。

1.規模一：客房數701間以上，爲台北君悅一家（865）。

2.規模二：客房數601～700間，爲台北喜來登（692）、台北福華（606）、義大皇家酒店（656）。

3.規模三：客房數501～600間，爲台北晶華酒店（569）、君鴻國際酒店（592）。

4.規模四：客房數401～500間，爲台北圓山（402）、台北國賓（422）、遠東國際（420）、高雄國賓（457）、漢來（436）、台北W飯店（405）及墾丁福華渡假飯店（418）等七家。

5.規模五：客房數301～400間，爲台北諾富特華航桃園機場飯店（361）、台北凱撒（388）、西華（343）、華王（302）、寒軒國際（311）、長榮桂冠酒店（354）、新竹喜來登（386）、美侖（343）、桃園（388）、遠雄悅來（381）、台南遠東國際大飯店（336）及大億麗緻酒店（315）等十二家。

6.規模六：客房數201～300間，爲台北華國（288）、華泰王子（220）、豪景（221）、康華（215）、神旺（268）、兄弟（250）、三德（287）、尊爵天際大飯店（250）、亞都麗緻（209）、國聯（243）、台北老爺（202）、耐斯王子大飯店

（245）、六福皇宮（288）、華園（274）、高雄福華（271）、通豪（226）、台中金典（222）、統帥（270）、花蓮翰品（208）、凱撒（281）、長榮鳳凰酒店（礁溪）（231）、新竹國賓（257）、曾文山芙蓉（201）、娜路彎大酒店（276）、新竹老爺（208）、雲品溫泉酒店日月潭（211）及美麗信花園酒店（203）等二十七家。

7.規模七：客房數101～200間，爲福容（淡水漁人碼頭）（198）、麗尊（198）、台中福華（155）、蘭城晶英酒店（193）、全國（178）、台北寒舍艾美酒店（160）、南方莊園（111）、花蓮亞士都（168）、台南飯店（152）、高雄圓山（107）、知本老爺（183）、台糖長榮酒店（台南）（197）、太魯閣晶英酒店（160）及礁溪老爺大酒店（198）等十四家。

8.規模八：客房數100間以下，爲國王飯店（97）、陽明山中國麗緻（50）、大板根渡假酒店（95）、日月行館（92）及涵碧樓大飯店（96）等五家。

若以地區分布而言，可分爲七個地區，即台北地區、高雄地區、台中地區、花蓮地區、風景區、桃竹苗地區及其他地區，詳如**表1-3**。

觀光旅館客房數的多寡爲反映觀光事業成功與衰退之重要指標，**表1-4**爲歷年來國際觀光旅館與一般觀光旅館的變化情形，**圖1-1**爲其變化趨勢圖。

表1-3　2013年國際觀光旅館分布區域別

地區別	家數	客房數（間）	比率（%）
台北地區	24	8,263	40.38
高雄地區	8	2,841	13.88
台中地區	5	1,135	5.55
花蓮地區	5	1,370	6.70
風景區	11	1,997	9.76
桃竹苗地區	7	1,961	9.58
其他地區	11	2,894	14.14
合計	71	20,461	100.00

資料來源：交通部觀光局。

表1-4　歷年觀光旅館家數、客房數成長分析表　　單位：間

年度	國際觀光旅館			一般觀光旅館			合計		
	家數	客房數	成長率	家數	客房數	成長率	家數	客房數	成長率
54年	NA	880	—	NA	1,834	—	NA	2,714	—
55年	NA	1,069	21.5	NA	2,044	11.5	NA	3,113	14.7
56年	NA	1,069	0.0	NA	2,155	5.4	NA	3,224	3.6
57年	NA	1,569	46.7	NA	3,661	69.9	NA	5,230	62.2
58年	NA	1,445	-7.9	NA	4,241	15.8	NA	5,686	8.7
59年	14	2,163	49.7	72	4,701	10.8	86	6,864	20.7
60年	15	2,542	17.5	79	6,132	30.4	94	8,674	26.4
61年	17	3,143	23.6	80	6,713	9.5	97	9,856	13.6
62年	20	4,613	46.8	81	6,963	3.7	101	11,576	17.5
63年	20	4,598	-0.3	82	7,013	0.7	102	11,611	0.3
64年	20	4,439	-3.5	79	6,915	-1.4	99	11,354	-2.2
65年	21	4,868	9.7	75	6,728	-2.7	96	11,596	2.1
66年	23	5,174	6.3	83	7,118	5.8	106	12,292	6.0
67年	30	7,699	48.8	88	7,984	12.2	118	15,683	27.6
68年	34	9,160	19.0	92	8,887	11.3	126	18,047	15.1
69年	36	9,673	5.6	97	9,654	8.6	133	19,327	7.1
70年	42	11,945	23.5	96	9,786	1.4	138	21,731	12.4
71年	41	12,335	3.3	94	9,535	-2.6	135	21,870	0.6
72年	44	12,982	5.2	90	9,279	-2.7	134	22,261	1.8
73年	44	13,503	4.0	85	8,939	-3.7	129	22,442	0.8
74年	44	13,468	-0.3	79	8,334	-6.8	123	21,802	-2.9
75年	43	13,268	-1.5	73	7,987	-4.2	116	21,255	-2.5
76年	43	13,223	-0.3	64	6,999	-12.4	107	20,222	-4.9
77年	43	13,124	-0.7	56	6,121	-12.5	99	19,245	-4.8
78年	43	12,965	-1.2	54	5,824	-4.9	97	18,789	-2.4
79年	46	14,538	12.1	51	5,518	-5.3	97	20,056	6.7
80年	46	14,538	0.0	48	5,248	-4.9	94	19,786	-1.3
81年	47	15,018	3.3	42	4,706	-10.3	89	19,724	-0.3
82年	50	15,953	6.2	30	3,614	-23.2	80	19,567	-0.8
83年	51	16,391	2.7	27	3,135	-13.3	78	19,526	-0.2
84年	53	16,714	2.0	27	3,131	-0.1	80	19845	1.6
85年	53	16,964	1.5	24	2,775	-11.4	77	19,739	-0.5
86年	54	16,845	-0.7	22	2,557	-7.9	76	19,402	-1.7
87年	53	16,558	-1.7	23	2,653	3.8	76	19,211	-1.0
88年	56	17,403	5.1	24	2,871	8.2	80	20,274	5.5
89年	56	17,057	-2.0	24	2,871	0.0	80	19,928	-1.7
90年	58	17,815	4.4	25	2,974	3.6	83	20,789	4.3

（續）表1-4　歷年觀光旅館家數、客房數成長分析表　　單位：間

年度	國際觀光旅館			一般觀光旅館			合計		
	家數	客房數	成長率	家數	客房數	成長率	家數	客房數	成長率
91年	62	18,790	5.5	25	2,973	0.0	87	21,763	4.7
92年	62	18,776	-0.1	25	3,120	4.9	87	21,896	0.6
93年	61	18,705	-0.4	26	3,038	-2.6	87	21,743	-0.7
94年	60	18,385	-1.7	27	3,049	0.4	87	21,434	-1.4
95年	60	17,830	-3.0	29	3,265	7.1	89	21,095	-1.6
96年	60	17,733	-0.5	30	3,438	5.3	90	21,171	0.4
97年	61	18,092	2.0	31	3,679	7.0	92	21,771	2.8
98年	64	18,645	3.1	31	3,750	1.9	95	22,395	2.9
99年	68	19,894	6.7	36	5,006	33.5	104	24,900	11.2
100年	70	20,382	2.5	36	4,951	-1.1	106	25,333	1.7
101年	70	20,351	-0.2	38	5,178	4.6	108	25,529	0.8
102年	71	20,461	0.5	40	5,613	8.4	111	26,074	2.1

資料來源：交通部觀光局。

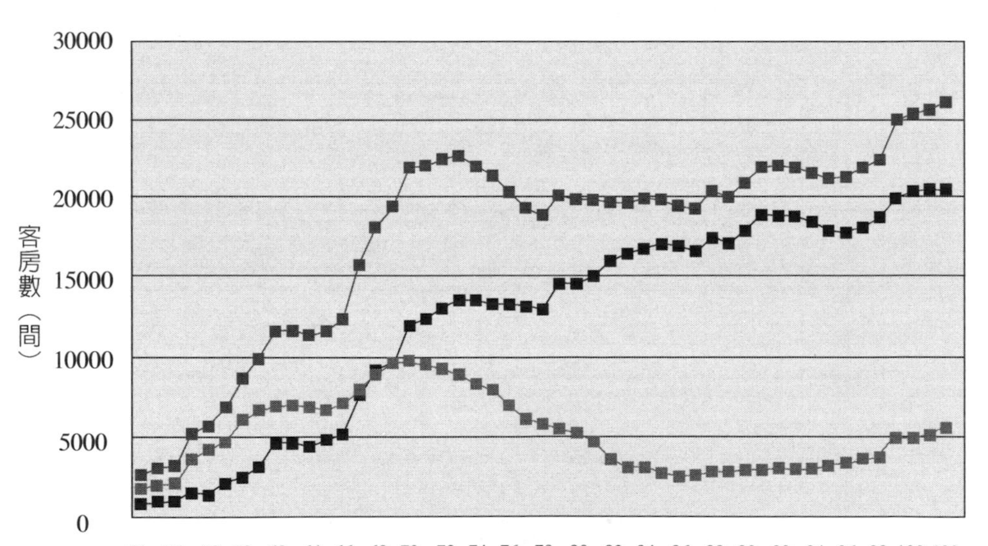

圖1-1　台灣地區觀光旅館客房數成長分析圖

資料來源：交通部觀光局。

觀光產業對國家經濟發展具有指標性地位，爲加速觀光產業的發展，行政院推動「觀光客倍增計畫」及「台灣暨各縣市觀光旗艦計畫」，2008年來台旅客達五百萬人次，2014年有九百多萬人次。

開放大陸地區人民來台觀光，將帶動國內觀光旅館業之蓬勃發展。目前大陸地區人民最嚮往之景點如阿里山，已有阿里山賓館（於2012年擴建完成）及嘉義市區之耐斯王子大飯店，而日月潭亦有雲品溫泉酒店。

台灣未來的觀光業將呈現一片繁榮景象，有不少的投資者正在擴建或籌建國際及一般旅館，於2009年完工的旅館計有台北地區美麗信花園酒店、台北花園大酒店及美麗春天大飯店等三家；台中地區裕元花園酒店一家；南投地區中信酒店一家；嘉義地區耐斯王子大飯店一家；台南地區桂田大酒店一家；高雄地區有麗尊大酒店一家；宜蘭地區有天外天國際觀光渡假旅館一家；台東地區鹿鳴溫泉酒店及日暉池上渡假會館等兩家。此外，政府藉由辦理「一般旅館品質提升實施計畫」，正積極輔導中小型旅館提升住宿設施品質，以增加旅館供給量。

專欄　凱悅／君悅（HYATT）的歷史和類型

◎凱悅的歷史

1957　凱悅的創始人Jay Pritzker（俄裔美國人）成立第一家凱悅飯店。

1960　為了配合市場的需求，在Seattle、Burlingame及San Jose建立了三家機場飯店。

1962　凱悅飯店集團在美國本土增至八間，並開始進攻「市區」性市場。

1963　為了拓展業務，提倡「內部晉升」的經營哲學，櫃檯接待員

Patrick Foley在後來的十二年內晉昇為凱悅總裁。

1967　凱悅在旅館界嶄露頭角、聲名大噪，中庭式大廳設計理念為飯店大廳設計開創了新紀元。

1969　凱悅飯店集團在香港成立了第一家國際凱悅飯店。凱悅因此發展成了兩個組織：在美國本土的飯店屬於凱悅飯店集團（Hyatt Hotel Corporation），簡稱HHC，總部設在芝加哥。位於亞洲、歐洲及太平洋地區的凱悅飯店屬於國際凱悅集團（Hyatt International Corporation），簡稱HIC，總部設在香港。

1976　凱悅飯店集團（HHC）在美國十九個州成立了四十五家飯店，而國際凱悅集團（HIC）亦成立了十家飯店。

1983　凱悅推出「凱悅金卡」行銷企劃，並於1987年統一發行給全世界凱悅飯店的客人。

1985　凱悅進攻觀光休閒飯店市場。

1989　國際凱悅榮獲「最佳國際連鎖」獎。香港第二家凱悅飯店開幕。

1990　台北凱悅大飯店（Grand Hyatt Taipei）於9月21日正式開幕。

1994　凱悅名下的飯店在三十一個國家增至一百六十八家。

2003　台北凱悅大飯店於2003年9月21日正式更名為台北君悅大飯店。

◎凱悅飯店的類型

目前一百七十餘家凱悅飯店分為三大類型：

1.Grand Hyatt Hotels And Resorts：大部分建於1990年代，外觀新潮、裝潢歐式古典，一定蓋在每個國家的首都或最重要的城市，例如台北君悅大飯店。

2.Hyatt Regency Hotels And Resorts：大部分亦建於1990年代，多建於一個國家第二重要城市或商業中心。

3.Park Hyatt Hotels：是凱悅飯店中最小型的飯店，屬於家居式的飯店，大部分的裝潢都是利用新鮮的花、草、樹木等，走向於個人化的服務。

這三種凱悅飯店中都有渡假中心，凱悅所有的飯店皆歸納於這三種類型中。

台北君悅大飯店房間數853間，是台灣最大的商務型飯店。

資料來源：作者自行拍攝。

自我評量

1.試述旅館的定義。

2.旅館的特性是什麼？

3.試述歐美旅館之發展史。

4.簡述我國旅館之發展過程。

5.我國大型旅館有哪幾家？請舉例說明。

6.凱悅飯店集團有哪兩種組織？

7.凱悅飯店分為哪三種類型？

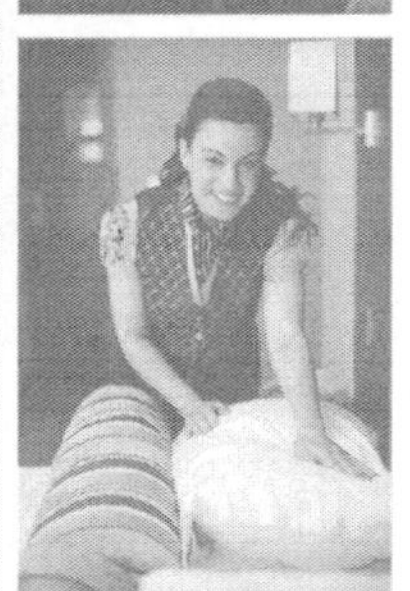

第二章 旅館的造型與設計

- 旅館的造型
- 旅館基本設計理念
- 專欄**1**——國際觀光旅館建築及設備標準
- 專欄**2**——日本豪斯登堡「機器人飯店」**2015**年開業
- 專欄**3**——世界知名特色旅館

第一節　旅館的造型

最好的旅館應有最好的建築外觀，最好的建築外觀取決於優美的造型。旅館的特殊造型代表許多意義和功用；獨特的造型能加強旅館的宣傳能力，而使旅館之宣傳廣告費用相對的降低。圓山大飯店是旅館界中唯一不必做廣告的旅館（**圖2-1**）。優美的造型能使顧客廣開視界、心曠神怡，如高雄漢來、台北君悅、遠東、晶華、台北凱撒、喜來登等超高型的旅館。從前的建築儘量避免有Inside Room的情況發生，由於旅館可建造土地太大，致使大樓四周之外的中間部分無法採光，房間內沒有窗戶，顧客住宿其間有如住在防空洞內，感覺不自在；但時代愈進步，建築師的頭腦愈發達，以前無法處理的Inside Room，現在建築師可用中庭式的建築來克服，如喜來登、台北君悅飯店。

民國45年開幕，第一家中國宮殿式、代表中華古色古香傳統的旅館。

圖2-1　台北圓山大飯店

旅館的造型因土地的限制、建築的變化和環境的驅使，而有諸多的變化。如靠路邊長條的I字型旅館，有大方塊土地可資建築的回字型旅館、I字型、E字型、S字型、L字型、T字型、X字型及U字型旅館等，如**圖2-2**。

旅館建築會因採光、地形、視界、建蔽率、高度限制、超高建築、地震和地質、旅館營業項目、客觀因素，而使造型有不同的取向。旅館投資者、旅館建造諮詢顧問及建築師等人是旅館造型的主要決定者。旅館之最終目的是給旅客住的，一切的設計均應符合顧客住宿的方便和快速親切的服務。

在實務上，旅館造型必須考慮餐飲部與客房部的相對位置，宴會廳及餐廳的位置儘量設於低樓層爲宜，主要原因是餐廳在三餐進食時間將大量湧入人潮，低樓層可配合樓梯或電扶梯以疏解電梯之使用；而客房以視野良好爲考量，則宜設於高樓層。因此，觀光旅館造型在

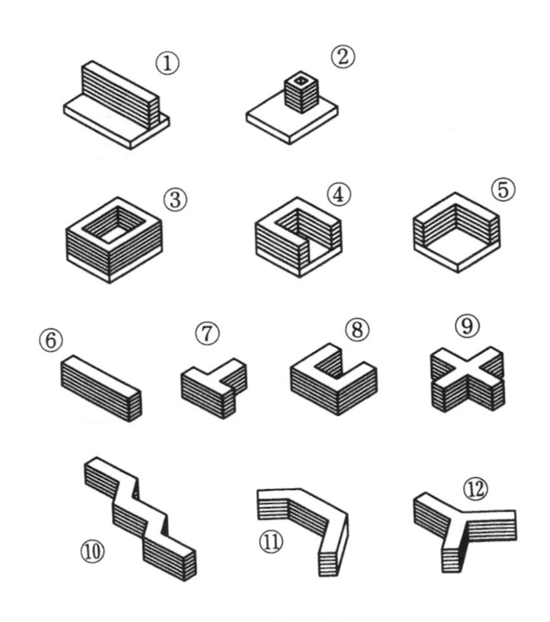

圖2-2　十二種旅館參考形設計

低樓層占地空間大，漸漸往上退縮成爲凸形建築外觀，如**圖2-3**所示，**圖2-4**、**圖2-5**爲印度及日本之旅館造型。

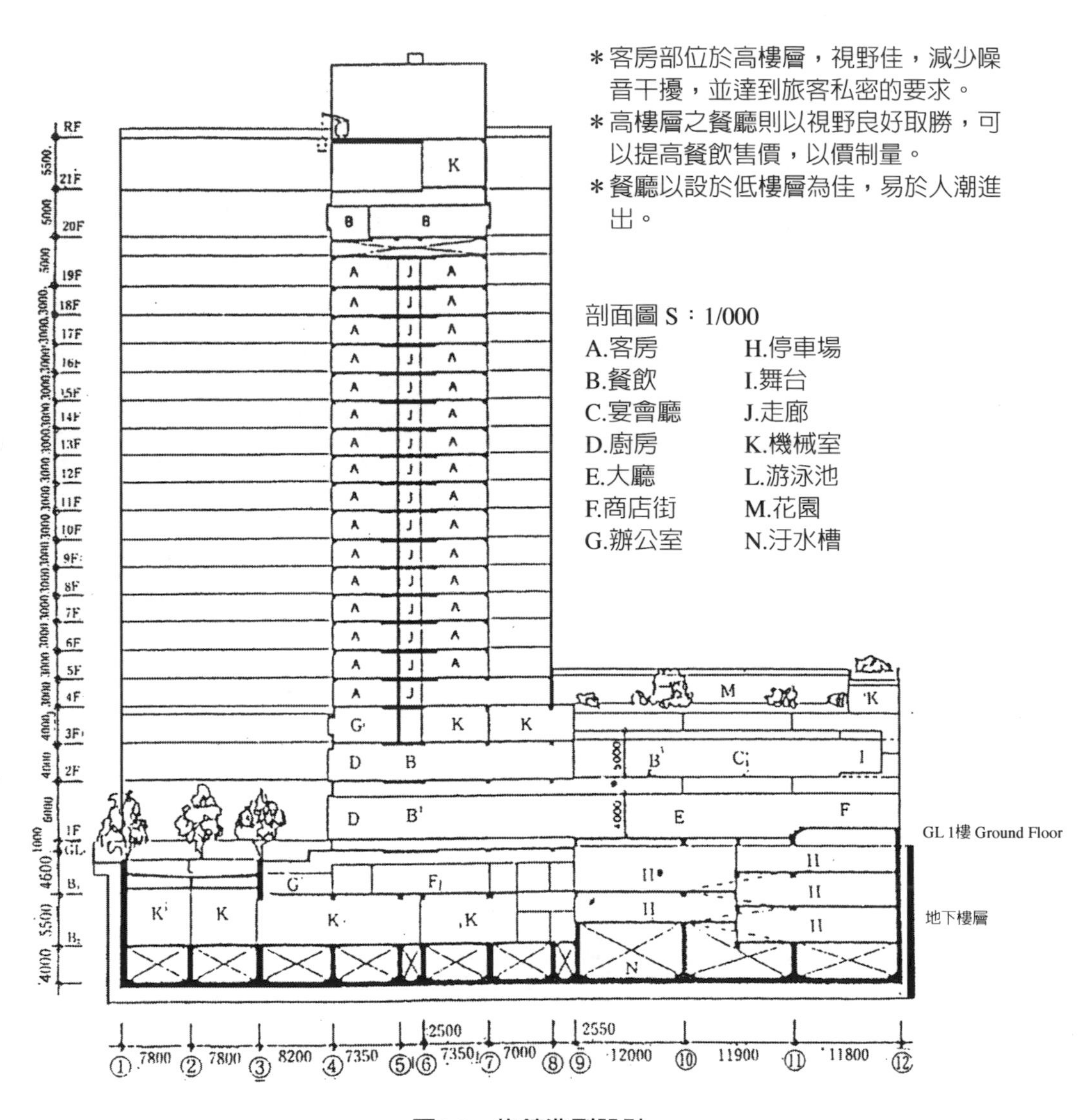

圖2-3　旅館造型設計

圖2-4　印度KK Royal Days飯店

圖2-5　日本濱海渡假旅館

第二節　旅館基本設計理念

本節將針對旅館設計美學、旅館照明設計及客房基本設計等旅館基本設計理念作一深入淺出的說明，使讀者易於明白。

一、旅館設計美學

美的形式原理是許多美學家對於自然及人工的美感，觀察分析，加以歸納出一些美的特徵，從希臘至近代一直被人探討，也就因時、因地、因人而異，而有不同項目，但它們都有一共同目標，就是多樣的統一性。美的形式，雖的確能充分掌握共同的視覺條件和心理因素，創造相當好的美感效果，但無論哪種法則，都只是一種基本知識，只是造型欣賞上的一種幫助，不是絕對的定律，不能呆板的據以創作，因為優美的造型絕不能由任何一種公式去求得。美學對學設計的人是很重要的，不懂應用美學的人，其設計無論是個體造型或整體造型，都將是一個毫無美感或充滿匠氣的設計。

基本美學原理包括比例、平衡、調合、強調、韻律與漸層等，茲分述如下：

(一)比例

部分與整體之間、部分與部分之間、主體與背景之間的搭配關係，能給人一種美感，主要是舉凡數量因素如大小、輕重、粗細、濃淡，在適當的原則下，能產生具協調的美感，有時亦可藉由各種比例之數列求得，如黃金比例、等差數列、等比數列都可構成優美比例之基礎，如著名的矩形黃金比為1：1.168，即短邊對長邊的比，短邊為1時，長邊為1.168。但比例不能完全以公式去求得，在通常的情況下，只有眼睛才能指導我們去選擇最好的比例感。造型如果沒有優美的比例，往往不易表現出勻稱的型態，色彩給人的感覺因人而異，比例是標準性，給人感受是相同的。比例是造型上的一大課題，不僅要追求美感，也要求實用。

在室內空間中，如家具空間與活動空間，家具的高度與長度，家具與家具之間，壁面、天花板造型的長寬尺寸，皆須注重比例關係，比例之協調，必須用敏銳的感覺來判斷，一般而言，任何人均有初步的判斷能力。

(二)平衡

平衡原理是使室內穩定、安詳和平靜的有效途徑，但過度平衡會造成單調、呆板、枯燥的感覺，故在造型上必須靈活運用。平衡通常分爲對稱平衡與不對稱平衡兩種。

◆對稱平衡

左右或上下的兩個或多個物體，其相對位置是完全相同的，給人一種莊重、嚴肅、安定、年輕的感覺，應用在象徵永遠眞理及正義的空間有很好的效果，如中國式舊式住宅門口的石獅、供桌、字畫擺飾等。

◆不對稱平衡

爲了使空間有所變化，刻意錯開兩個完全對等位置的物體，就效果視覺而言，能保持一定的安定狀態，比對稱平衡更加靈活而富有變化。

(三)調合

調合是一種和諧狀態，係指兩種以上造型要素，彼此之間的關係。此種關係給人一種愉快感覺，毫無分離之整體感，調合有類似調合與對比調合。

◆類似調合

這種調合是採用相類似的細部，作反覆的處理而產生的美感，如色彩上黃色、橙色是類似色，各種色其明度或彩度接近時，亦可稱明度或彩度類似。

◆對比調合

在設計上任何元素之差距較大時，如大小、高低、明暗、凹凸、水平與垂直，是兩極端的效果。對比調合不是對立的，不能過度使用，否則空間會顯得雜亂無章，一般應以統一整合做後盾，才能發揮眞正效果，亦即所謂變化中求統一。一般情形下，量有對比，則質有共同性；反之亦然。如色彩而言，色相對比，則彩度或明度必須類似或統一，材質感相異，而色彩則必須要有統一的感覺。

調合原理在室內設計中至爲重要，無論建築結構與家具，擺飾品與家具，家具與家具之間，都有型態、色彩、材質、燈光等相互和諧的問題，但無論是類似調合或對比調合，在室內空間中所有物體之間，均必須是一完整和諧的整體。

(四)強調

強調是指加強某一細部的視覺效果，以彌補整體的單調感，使空間更富吸引力，也就是所謂的加強主體地位。強調的方式如不恰當會使空間有不安及混亂的感覺，一般可利用造型基本四要素之間其對比的效果，達到強調的目的，如強烈的燈光、鮮明或對比色彩、極端相異的材質。

(五)韻律

韻律亦可稱爲節奏，是指同一現象的週期反覆或規則性出現，亦可稱爲律動。空間中如缺乏韻律，就會死氣沉沉、毫無生趣；靜態空間中，如有韻律之美感，才會有活潑、朝氣、動的變化，有抑揚頓挫之感。韻律之主要效果是建立在反覆、漸層及良好比例的基礎上。

◆反覆

反覆是指相同或相似的元素，作規律性循環，反覆出現所得之效果，產生一種秩序、整體的美感。在室內空間中，常應用反覆的處理原則，如地面的地毯、壁面處理、家具及擺飾品中的型態或色彩，均可交互出現，尋求井然有序和微妙的節奏感。

反覆共有三種基本型態：

1.相同元素的反覆：產生統一感。
2.相異元素的反覆：產生變化中的統一。
3.相似元素的反覆：產生統一中的變化。

◆漸層

漸層是一種慢慢轉變漸強、漸弱、漸大、漸小、明而暗或暗而明的效果，有自然收縮的感覺，具方向性及生動優美的節奏。但過多的漸層表現會失於單調，必須局部的使用才能表現它的美感，太多則會顯得庸俗。漸層原理必須有優美的比例做基礎，才更具效果。

綜合以上可知，美學基本原理，是創造美感的主要基礎，雖各原理有不同特性，但亦難免有重疊之處，美感其彼此之間是相互影響、相互關聯的，是不可分割的整體，必須注重整體性的表現，才能創造出美的效果，但也不能太過於刻板的加以遵循，而一成不變，須知最好的造型，是由創造者本能或感性的直覺所決定，被規格化的造型毫無韻味可言。

二、旅館照明設計

照明計畫可分爲自然光源及人工光源，此處所指乃人工光源而言（**圖2-6**），人工光源不僅能代替陽光，且因光度之強弱不同，使被照物產生不同陰影，影響室內空間之造型、室內裝飾物及家具之立體形象，能強調或掩飾色彩之明度、彩度。

良好的室內照明計畫，應以機能性和裝飾性爲主，一方面維護視覺健康與美感，一方面又能提供室內活動空間良好的照明。

(一)照明設計類型

光度設計是計算室內有足夠的光度，使適合各空間的需求，而使各種活動或工作均能舒適進行，且不讓燈光損害眼睛。其共有三種照明設計，包括全盤照明、局部照明與裝飾意境照明。

圖2-6　運用人工光源的空間照明效果範例

資料來源：台北花園大酒店。

◆全盤照明

全盤照明即全部空間所需的照明，來自頭部上方的各種固定光線、吊燈、壁面的壁燈及向上照明的桌燈，可以把光線從牆壁或天花板反射出來，使整個空間的照明均衡足夠，但不適於閱讀之用。

◆局部照明

局部照明是為特殊需要，如工作、更衣、化妝時所加強之局部空間的亮度，其來源是檯燈或落地燈，一般安裝40W～60W燈泡即可，亦可採用LED燈光，達到節能效果。

◆裝飾意境照明

裝飾意境照明是以光線製造空間某種意境的效果，如空間層次感、平衡感及情調為目的之裝飾功能。某些要強調的地方或物體，如天花板上暗藏向上燈光、櫥櫃中的燈光、庭園景的燈光，即為裝飾照明。

(二)燈具型式

照明設備中，燈具的選用須先瞭解其照明機能和視覺效果，其次再考慮燈具色彩、造型及用電量。主要的燈具型式如下：

◆吸頂燈

緊貼於天花板，是空間中的主要光源，其光源有日光燈或燈泡型或混合型使用，藉由三段切換開關，可改變光源的大小。

◆嵌燈

鑲於天花板內的隱藏式燈具，燈具可用燈泡型或石英燈型，常用於衣櫃、櫥窗前方、走道天花板。

◆**魚眼燈**

此款燈具亦爲鑲嵌式，效果與嵌燈類似，但其上另有一如魚眼的罩子，可以自由轉動遮住光源，而改變光線投射的方向。

◆**投光燈**

附著於天花板上，向下照射，是強調性的局部照明，如圖畫、雕塑物上，均有投光燈做強調的照明。

◆**壁燈**

附著於壁面上，不使光線直射眼睛，而是壁面的反射光，可作爲走道、樓梯的照明，且可作爲床頭、化妝檯、洗臉檯局部照明之用。

◆**吊燈**

燈具離天花板有一定距離，如餐廳的餐吊燈、客廳的水晶吊燈，一般以燈泡型式爲主，可安裝調光器改變光度。

◆**檯燈**

放置於書桌或茶几上，可供讀書、寫字的局部照明。

◆**落地燈**

放置於地上，爲非固定的局部照明，其光源照射在地板上，再反射到整個房間，多用於閱讀或聚談照明，一般位於客廳、沙發組、休閒椅旁。

三、客房基本設計

客房部爲旅館重要的部門，所占空間比例最高，爲住客生活中最主要區域。因此客房之設計，除了豪華精緻的考量外，必須以實用爲重點（**圖2-7**）。

客房分爲單人用的Single Room；雙人用的Double Room、Twin；

圖2-7　客房設計之實例

資料來源：台北花園大酒店。

三人用的Triple Room；套房Suite Room等。

一般飯店單人房的面積約25平方公尺以上，雙人房面積約45平方公尺，套房約有55平方公尺以上，豪華型大套房約100～120平方公尺。

客房設計的次序是浴廁、臥室、床鋪等關係位置，一般浴廁間設置靠走廊側，通路最小寬度約80公分。床鋪選擇單人床或雙人床，尺寸要預留床鋪做床時兩側必要的空間。法規上走廊的有效寬度中間走廊式是1.6公尺以上，單面走廊式的寬度是1.2公尺以上。

(一)浴廁之設計

浴廁的空間規劃要達到舒適之目的，爲客房設計之重點，而且浴廁的維修考量也非常重要，若有一個房間浴廁發生故障時，應設法將其影響範圍控制在該間或小區域內，以免影響其他客房，因而管道間之分配規劃特別重要。當廁所使用後，尤其在夜間，其排水的聲音，是否干擾隔壁房間，是住客對客房水準的重要評估依據（**圖2-8**及**圖2-9**）。

圖2-8　旅館客房中之浴廁應整潔舒適

資料來源：台北花園大酒店。

圖2-9　客房浴廁之設計

資料來源：台北花園大酒店。

(二)客房平面規劃

觀光旅館客房之規劃重點，必須考量電梯出入口位置儘量等距分配，且易於找尋客房房號，部分觀光旅館在各樓角落設計隱藏式監視器，乃是爲安全考量，而且建築規模愈來愈高，更應規劃健全的消防設備，使住客的居住空間更加安全。

(三)床

床鋪採用的方式有兩種：

1.單人房採用雙人床——單人房間使用一張大床。
2.雙人房採用單人床——雙人房間使用兩張單人小床（主要是客房空間無法放置兩大床）。

床鋪高度爲36～54公分（平均在50公分）。床鋪依構造分類有好萊塢床（Hollywood Bed）、雙人床、嬰兒床（Baby Bed）、活動床（Extra Bed）、工作坊床（Studio Bed）等。床墊的種類，一般飯店幾乎以金屬彈簧爲主流，爲了避免做床時損害壁面，床頭板安裝壁面常以固定式的方法處理。另外，在商務旅館有一種沙發床，可將沙發座墊拉出，成爲一張單人床。

(四)客房家具

商業型及都市型的飯店，因客房的面積不大，家具的配置是結合多種機能而設計的。從衣櫥、茶几、寫字桌、床頭櫃、沙發床組等家具，來配合客房的形狀、平面及使用方法。標準樓層的客房規格一致，左右對稱，家具的細部、材質、色調是配合客房整體設計的。

(五)客房專用配備

在使住客能住得更加舒適，且減少服務人員對住客打擾的需求下，應運而生了幾種客房專用設備，其中智慧型省電設備可爲旅館節省許多電費的支出。茲分述如下：

◆床頭觸摸控制面板設計

此爲旅館客房床頭櫃上專用之控制開關組合，包括電燈總開關、冷氣風速開關、門燈開關、電視電源開關、左床頭燈開關、電視頻道選擇、右床頭燈開關、電視音量調整、化妝燈開關、音樂頻道選擇、小夜燈開關、音樂音量調整、茶几燈開關、浴室燈開關等。以上的控制開關可以任意組合。

◆請打掃房間及請勿打擾指示燈

當房客欲外出，並希望清潔員打掃房間時，客房按下門內的「請打掃房間」的操作開關，當清潔員經過時，即可進入房內打掃。清潔員打掃完畢，再按此鍵，則燈號消失而恢復原狀。若房客要在房內休息，則可按下門內的「請勿打擾」操作開關，同時門外「請勿打擾」燈也亮，並切斷門鈴電路，房客即不受打擾。

◆智慧型客房省電設備

本設備係利用客房門邊的截電盒，來控制房間內的電源，並做智慧型的能源管理。當客人進入房內時，把鑰匙柄或鑰匙卡插入截電盒內，截電盒內的接點通到控制箱的數位電路，數位電路就會自動接電，房內的燈具立即打開。當客人外出時，抽出鑰匙卡時，數位電路就會自動斷電，房間電源自動省電（**圖2-10**）。

◆房間內各式消耗備品

觀光旅館房間內提供的各式消耗備品，如**表2-1**。

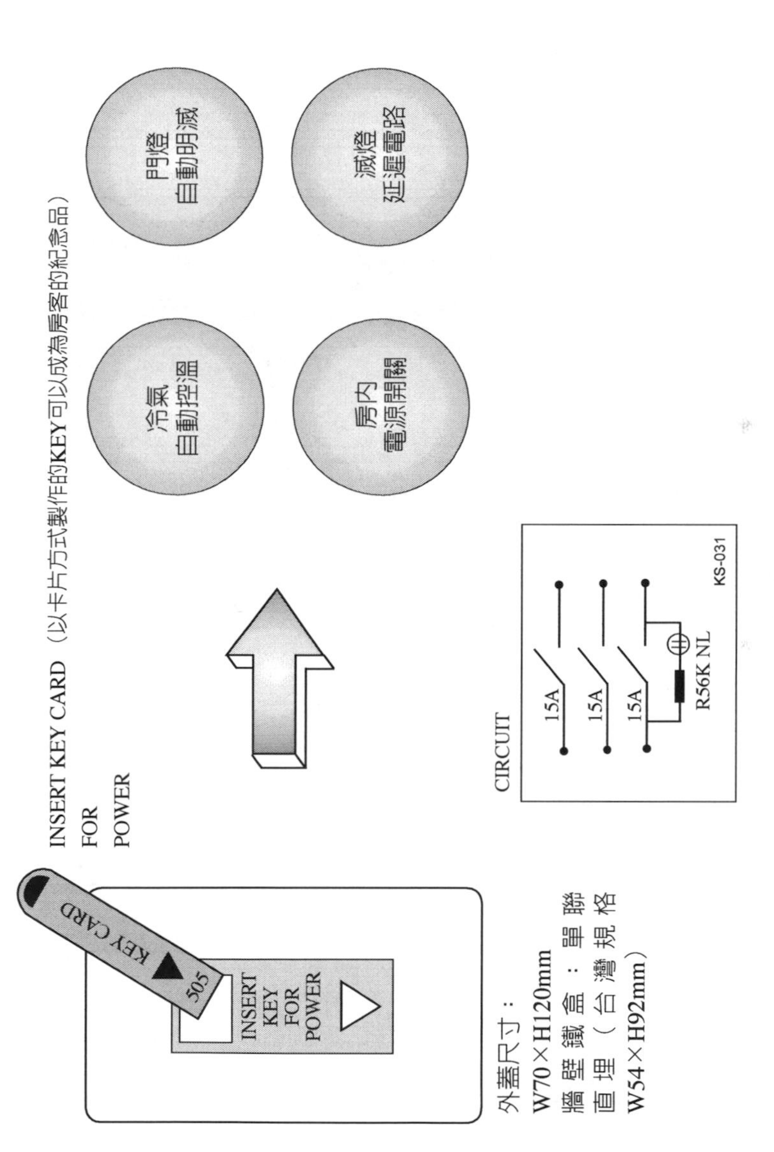

圖2-10　智慧型客房省電設備

表2-1　消耗備品一覽表

備品		消耗品		
浴巾	菸灰缸	水洗單	乾洗單	燙衣單
面巾	急用手電筒	浴皂	面皂	VIP皂
小方巾	電話簿說明	花包	棉花球	備品襯紙
餐飲簡介	男衣架	透明垃圾袋	浴帽	水杯襯紙
電視節目表	女衣架	原子筆	沐浴精	年曆卡
早安卡	睡袍	中式信封	洗髮精	保險箱說明
早餐卡	冰桶	西式信封	乳液	Mini-bar帳單
套房簡介	肥皂缸	中式信紙	擦鞋盒	花果植栽
客房餐飲單	便條夾	西式信紙	面紙	其他
文具夾	IDD封套	飯店明信片	衛生紙	
請勿打擾牌	國際電話說明	梳子	女性衛生袋	
打掃房間牌	棉花球容器	刮鬍刀	水杯套	
小花瓶	毛氈	牙膏及牙刷	便條紙	
資料夾	床墊、床鋪	男、女拖鞋	小鉛筆	
套房用浴袍	床單、床罩	衣刷	針線盒	
防滑浴墊	飾畫	鞋拔	意見書	
吹風機	水杯	擦鞋袋	洗衣袋	
水杯盤	其他			

四、客房設計理念的突破

首先，旅館設施因其地點及對市場定位的不同而產生兩極發展，商務型飯店也要再細分為高、低兩檔，除了五星級酒店外，大陸於近幾年飛快發展的如家、莫泰168等商務型快捷連鎖是符合市場需要的自住型經濟酒店，由於房價偏低，因此有諸多設施以「使用者付費」方式規劃；更因旅館建築物常有將現成工廠改建以節省籌備成本的情況，所以經常有動線規劃不太合理現象，此時，最重要的彌補方法就在於設計明顯的指示牌及房客入住時先行告知了。

其次，配合現代化的資訊科技，五星級酒店也有了突破性的改變，亞緻大飯店（Hotel ONE）是亞都麗緻系統的新品牌，其客房即撤除了對坐洽公的書桌，並將傳統電視機改到床鋪斜對角，提升爲37吋的液晶電視，並將螢幕規劃多重用途。坐在圓弧形的工作檯前，可以看電視，接上電腦線可以收發e-mail，可進行視訊會議，工作之餘可以玩線上遊戲。拉開工作檯的抽屜有個人文具組，也可以列印文件；另一邊則爲迷你吧，飲料、零食都在矮櫃冰箱裡。坐在高級舒適的功能椅上，不用移動步伐即可滿足所有工作及休閒娛樂的需要，成爲「個人工作站型態的客房」（Work Stational Room）。

最後，在人手一機的時代來臨之時，亞緻也有了「行動工作站式手機電話」的設計，在房客入住時即提供免費手機，打破過去「在飯店內打電話很貴」的傳統印象，利用手機上先行設定好的功能鍵幫助房客解決入住後，在飯店內外語言不通、遺失物品、緊急救助等各類大小不同的問題，有任何外來的電話均可轉接到該手機。撥打國際電話時，飯店則結合行動電話公司以超低費率方式處理，達到前來住宿的房客安心、滿意的服務水平。

專欄1　國際觀光旅館建築及設備標準

國際觀光旅館評鑑項目共五十三項，分由建築設計及設備管理、室內設計及裝潢、建築管理及防火防空避難設施、衛生設備及管理、一般經營管理、觀光保防措施等六組評鑑之。

一、地點及環境

應位於各城市或風景名勝地區交通便利、環境整潔並符合有關法令規定處。

二、設計要點

1.建築設計、構造除依「觀光旅館建築及設備標準」規定外，並應符合有關建築、衛生及消防法令之規定。

2.依「觀光旅館業管理規則」設計之觀光旅館建築物，除風景區外，得在都市土地使用分區有關規定範圍內，與下列用途建築綜合設計，共同使用基地：

(1)百貨公司。

(2)超級市場。

(3)商場（旅館業者自營）。

(4)營業用停車場（建築物附設法定停車場以外之停車場）。

(5)銀行等金融機構。

(6)辦公室。

(7)其他經觀光主管機關核准之項目。

與其他用途建築共同使用基地之觀光旅館應單獨設置出入口、直通樓梯、升降梯及緊急出口，不得與其他用途建築物混合使用。

3.應有單人房、雙人房、套房等各式客房，在直轄市至少200間，省轄市至少120間，風景特定區至少40間，其他地區至少60間。

4.客房淨面積（不包括浴廁），每間最低標準為單人房13平方公尺，雙人房19平方公尺，套房32平方公尺，並得將相聯之單、雙人房裝設防音雙道門，於必要時改充套房使用。

5.每間客房應有向户外開設之窗户，並設專用浴廁，其淨面積不得小於3.5平方公尺。各客房室內正面寬度應達3.5公尺以上，並注意格局及動線安排。

6.客房部分之通道淨寬度，單面客房者至少1.3公尺，雙面客房者至少1.8公尺。

7.旅客主要入出口之樓層應設門廳及會客室等，足以接待旅客之用，其合計淨面積不得少於下表之規定：

客房間數	門廳、會客室等淨面積
100間以下	客房間數×1.2m^2
101～350間	客房間數×1.0＋18m^2
351～600間	客房間數×0.7＋125m^2
601間以上	客房間數×0.5＋245m^2

(1)門廳最低處之淨高度不得低於3.5公尺。

(2)門廳附近應設接待旅客之服務櫃檯、事務室、旅行、郵電及酌設外幣兌換等服務處所。

8.應附設餐廳、咖啡廳、酒吧間（在風景特定區，咖啡廳、酒吧間得附設於餐廳內），並酌設夜總會、國際會議廳、室內遊樂設施及美容室、三溫暖、商店、健身房、錄放影設備、洗衣間等其他有關之設備。其餐廳之合計面積不得小於客房數乘1.5平方公尺，餐廳及國際會議廳並應設衣帽間。

9.門廳、主要餐廳、公用廁所、台階等處所應設專供殘障人士進出或使用之設備，並應酌設殘障客房。

10.夜總會營業場所之入口處應設置門廳、服務台、衣帽間。營業場所內得附設酒吧。

11.夜總會如兼供宴會、會議、餐廳等使用者，仍應設廚房並依下列第十二點之規定辦理。

12.廚房之淨面積不得少於下表之規定：

供餐飲場所淨面積	廚房（包括備餐室）淨面積
1,500㎡以下	至少為供餐飲場所淨面積之33%
1,501～2,000m²	至少為供餐飲場所淨面積之28%＋75m²
2,001～2,500m²	至少為供餐飲場所淨面積之23%＋175m²
2,501m²以上	至少為供餐飲場所淨面積之21%＋225m²

13.餐廳、咖啡廳、夜總會等供應餐飲之場所應依有關衛生管理法令之規定辦理，公共用室附近應設男女分開之公用廁所。廁所內之隔間，每間門應自外向內開啓。

14.客房層每層樓房數在20間以上者，應設置備品室一處。

15.應附設職工餐廳、值夜班之職工宿舍及分設男女職工專用更衣室及浴廁，除淋浴頭按每三十人至少應有一具外，其衛生設備數量，應依照建築技術規則建築設備編第三十七條之規定設置。

三、設備要點

1.各種設備除依「觀光旅館建築及設備標準」規定外，並應符合有關建築、衛生及消防法令之規定。

2.旅館內各部分空間，應設有中央系統或其他型式性能優良之空氣調節設備，以調節氣溫、濕度及通風。高山寒冷地區者，應設置暖氣設備，並設紗門及紗窗。

3.客房及通道地面，應鋪設地毯或其他柔軟材料。

4.客房浴室須設置浴缸、淋浴頭、坐式沖水馬桶及洗臉盆等，並日夜供應冷熱水。在風景特定區者，其客房浴室之浴缸，得視實際需要，部分改設浴池。

5.所有客房均應裝設彩色電視機、收音機、冰箱及自動電話。公共用室及門廳附近，應裝設對外之公共電話及對內之服務電話。

6.所有客房應設置錄影節目播放系統。其設置應依「觀光旅館業設置錄影節目播放系統實施要點」之規定辦理。

7.自客人利用之最下層算起四層以上之建築物，應設置自主要大門至各客用樓層之電梯，其數量應照下表之規定：

客房間數	客用電梯座數	每座容量
80間以下	2座	8人
81～150間	2座	12人
151～250間	3座	12人
251～375間	4座	12人
376～500間	5座	12人
501～625間	6座	12人
626～750間	7座	12人
751～900間	8座	12人
901間以上	每增200間增設1座，不足200間以200間計算	12人

自避難層算起四層以上之樓層設有供五十人以上使用或樓地板面積100平方公尺以上之公共場所者，應各設置直達電梯一座（可包括在上列之電梯數量中，但是除了直達電梯外，一般客用電梯不得少於兩座，客用電梯每座以十二人計算）。並應另設工作專用電梯，客房200間以下者至少一座，200間以上者，每增加200間增加一座，不足200間者以200間計算。工作專用電梯載重量每座不得少於450公斤。如採用較小或大容量者，其座數可照比例增減之。

8.廚房之牆面、天花板、工作檯、地面及灶檯等，均應採用能經常保持清潔並經消防單位認定之不燃性建材，並應設有冷藏、爐灶排煙、電動抽氣及密蓋垃圾箱等設備，不得使用生煤、柴薪為燃料，並應經常保持清潔。

9.乾式垃圾應設置密閉式垃圾箱；濕式垃圾酌設置冷藏密閉式之垃

圾儲藏室，並設有清水沖洗設備。

10.餐具之洗滌，應採用洗滌機或三格槽並具有消毒設備。

11.給水應接用公共自來水系統，如當地尚無公共自來水供應系統而自設給水設備者，其水質應經衛生主管機關化驗，合於飲水標準者始准使用，並應具有充分之水量及水壓。

專欄2 日本豪斯登堡「機器人飯店」2015年開業

位於日本九州長崎縣佐世保市、模仿荷蘭街道設立的主題公園「豪斯登堡」，2015年7月推出未來型智慧飯店「Henn-na Hotel」，就是「奇怪的飯店」、「奇幻賓館」，命名的由來是「承諾持續變化的酒店」；標榜館內九成業務都將交由機器人負責，包括行李搬運、打掃等，甚至連櫃檯服務人員也將採用美女機器人（Actroid）充當櫃檯接待小姐。

Henn-na初期將配置10名機器人員工，預計未來有九成的飯店服務都將由機器人代勞，這些機器人將具備日文、英文、中文與韓文的溝通能力。

◎機器人和真人已經眼花分不清了

Henn-na飯店是由日本長崎的主題公園豪斯登堡（ハウステンボス）所設計的，並由日本大型旅行社H.I.S.（東証1部：9603）的子公司，負責主題樂園「豪斯登堡」營運業務。

飯店就在園區裡面，於2015年7月12日開幕。這間飯店有兩層樓，第一期有72個房間，該公司認為這是最具前瞻性的低成本飯店，它將利用太陽能供電、以人臉辨識取代鑰匙、有自動溫控系統，房內設備儘量精簡，房客可透過平板電腦要求機器人員工遞送所需物品。

豪斯登堡公司準備在全球建置一千家採用類似概念的新飯店。大家應該都知道日本科技界對機器人有多狂熱吧？我個人覺得，日本人做出來的機器人，比其他國家做出來的更精緻，動作也更靈活，而且日本的機器人大多都會被賦予自己的個性，這一點令人覺得蠻酷的。在這個飯店裡的機器人服務人員，跟真人的相似程度很高，乍看之下，機器人跟真人都有點分不清了。

這些機器人服務人員，不只長得像真人，連動作也超逼真的，雙手握在一起的樣子，還有臉部微笑的表情，再加上合身的制服，而且制服上還有自己的名牌，寫著每一位機器人職員的名字，像下圖這位叫做IWAZUME。這間機器人飯店，從櫃檯、行李員到房間清潔人員，都是這些模擬機器人，根據飯店官方說，飯店內90%以上的服務，都會由這些機器人提供。我非常好奇他們會如何跟客人們互動交談，是不是也會

機器人服務人員

圖片來源：techtimes

飯店大廳（模擬圖）

圖片來源：techtimes

談笑風生呢？當它們沒在做事的時候，是會跟人類一樣稍微動來動去，還是完全靜止不動呢？

◎住宿費用與設備

有關住宿費的部分，飯店還將實施日本罕見的房價競標制度，平時單人房底價為7,000日圓（約1,870元台幣），標準雙人房9,000日圓（約2,400元台幣），若遇連續假期訂房人數超過房間數時，則採競標方式，上限為14,000日圓。

這間機器人飯店，每晚要日幣7,000～14,000元，約台幣1,844～3,689元；明年會再增加72個房間。

最後要提一下其他高科技的部分。飯店表示，開房門的方式會使用臉部辨識科技，房間內還有智慧控溫系統，房內溫度會根據房客的體溫自動做調整。

機器人飯店的外觀（模擬圖）

圖片來源：seejapan.co.uk

機器人飯店（模擬圖）

關於這項創舉，在業務推廣上持正面肯定意見的占多數。「我想體驗一次看看！」、「這家酒店讓人好奇。」、「奇怪的酒店……想去看看……」，除了這些留言之外，還有人說：「與其說去豪斯登堡，倒不如說想體驗這家酒店。」、「為了住這家酒店，讓我有點想去豪斯登堡。」，顯示出跟豪斯登堡無關，單純想去這家飯店的人也不少。

「服務由機器人負責……這是近未來的酒店形式吧！」、「從『這樣就好了』演變成『這樣比較好』的時代來臨。」等，也有人認為這將成為未來酒店的一般形式。更有助於網際網路＋旅遊業的企業轉型發展。

該飯店中，除了導入機器人，房間使用輻射熱代替冷暖氣空調，上鎖和解鎖必須進行住宿客人的臉部認證等，澈底執行成本節約。因此，住宿費與集團其他飯店相比大約是1/3，而且，因為採用客人下標制度，住宿費甚至有可能更便宜。以飯店最大的兩項經營成本而言，人事成本不但減少許多，同時員工成了業務行銷的主力，一種人力兩項功能，尤其員工不會鬧情緒，永遠笑容可掬；水電費用的節制更是驚人，不愧標榜低成本飯店。

對於這些內容，否定意見也引人注目，例如：「如果入住時第一次臉部註冊失敗，可能無法辨識導致無法進入房間。」、「如果是商務旅館，客人面前出現機器人我還可以理解，但是豪斯登堡是以廉價取勝嗎？」、「雖然想住看看，但是如果不贏得拍賣就沒辦法住，根本無法排行程。」

「奇怪的酒店」現在為了迎接開幕，開始接受先行暫定預約。雖然網路上的迴響很好，實際上使用的客人觀感如何，也令人在意；但是光在網路上的討論就預言了未來「體驗旅遊經濟」越來越夯的時代，必定帶來的成功果實。

專欄3　世界知名特色旅館

世界上有許多具備當地特色的知名旅館，茲就部分著名地標酒店提供參考。

◎峇里島Panchoran Retreat度假村

坐落在烏布附近的森林中，Panchoran Retreat有著令人屏息的天然美景，旅館本身由大自然中得到靈感，整體的環境讓人分不出到底是置身室內還世外，自然美景完美的融合入旅館的建築。

source: http://www.alsumaria.tv

◎法國巴黎Shangri-La香格里拉酒店

如果你沒那麼喜歡大自然，喜歡城市風情多一點，巴黎的Shangri-La酒店就是你最好的選擇。

這裡曾是拿破崙的姪孫羅蘭王子的府邸，來到房間，推開窗户，艾菲爾鐵塔和塞納河的迷人景致盡收眼底，房間的裝飾仍保留昔日法式臥房的優雅風情，更棒的是，這間酒店座落於巴黎的中心，讓喜愛精品的你不用舟車勞頓，即可在不遠的轉角處盡情血拚。

source: http://media-cdn.tripadvisor.com

source: http://4.bp.blogspot.com

◎芬蘭Kakslauttanen Hotel（伊格落村玻璃屋頂穹蒼度假酒店）

Kakslauttanen Hotel位於芬蘭Lapland地區的Saariselkä Fell村莊，酒店的每間房間皆有玻璃屋頂，讓每一位旅客皆能飽覽北極圈的美麗星空及極光，圓頂小屋以保溫玻璃建成，不用擔心在寒冷的天氣中凍壞了。

房客還可以租借越野滑雪板、越野行走手杖和雪鞋。更棒的是，你還可以選擇參加哈士奇狗拉雪橇和馴鹿拉雪橇之旅，想要體驗獨一無二的極地生活，那你不能錯過芬蘭Kakslauttanen Hotel。

source: http://www.kakslauttanen.fi

source: http://woflblog.files.wordpress.com

◎瑞典Jukkasjarvi冰宮旅館

顧名思義，瑞典Jukkasjarvi冰宮旅館是由冰與雪建成，它於每年12月～4月重新建造並對外開放（對，它每年得重建一次，畢竟旅館是冰做的，到夏天就融化了）。除了整體建築外，包括椅子、床鋪等家具都是由冰與雪製成，這間旅館還附有冰做的教堂，每年有無數的愛侶在這奇幻的冰雪聖殿前完成終身大事。

source: http://www.thebeststays.com

◎德國Stuttgart的金龜車V8 Hotel

你是車迷嗎？如果你是，那你絕不可錯過德國Stuttgart的V8旅館，德國Stuttgart是車子的發源地，V8旅館每間房間皆以車為主題，你可以睡在各式車子改裝的床鋪上，對於許多車迷來說，是個畢生一定要去一回的夢幻旅館。

source: http://exp.cdn-hotels.com

◎印度Rajasthan的Taj Lake Palace酒店

印度Rajasthan的Taj Lake Palace酒店是一棟座落於湖中央的美麗大理石建築，浪漫、幽靜、遠離塵囂，除了可以飽覽湖面景致外，酒店更被Aravalli群山圍繞，山景湖景，美不勝收，讓人忘卻一切煩憂。

source: http://cdni.condenast.co.

◎希臘Oia的Katikies Hotel

Katikies Hotel酒店座落於300英尺高的Oia懸崖上，俯瞰著蔚藍的愛琴海，酒店整體建築是以地中海特有的白色石灰泥建成，純白的建築襯托在閃閃發亮的藍天與海洋之間，格外的耀眼，除了濃厚的希臘風情建築，Katikies酒店的海天一線游泳池讓人如同置身天堂。

source: http://mahir.synology.me/wp-content/uploads/2012/08/Katikies011.jpg

source: http://impressivemagazine.com

◎肯亞的Giraffe Manor Resort長頸鹿飯店

如果你喜歡野生動物，特別是如果你喜歡和動物們同睡同醒，你絕不能錯過肯亞的Giraffe Manor Resort，在這兒，你隨時可以看到美麗的長頸鹿優雅的閒晃，有時從窗子探出頭來張望，希望跟你一起享用美食，獨特的體驗，讓Giraffe Manor Resort脫穎而出。

source: http://www.travelgrove.com

source: http://media-cache-ak0.pinimg.com

◎斐濟的Poseidon Undersea Resort海底城酒店

Poseidon Undersea Resort建在斐濟的海床上，旅館本身長達一英里，所有的房間皆位於海底，在這邊住一晚，你可以體驗小美人魚的海底生活，無數條熱帶小魚伴你入眠，一睜開眼，也能立即飽覽斐濟絕無僅有的美麗海底風光，一生一次，必訪一回。

source: http://media-cache-ak0.pinimg.com

source: http://media-cache-ec0.pinimg.com

◎瑞士Aescher懸崖酒店

沿著山壁所建的Aescher旅館是我長久以來心中的第一名，擁有絕佳的景致，將瑞士Aescher區的山景及湖景一覽無遺，加上遺世獨立，如果想要一個沉澱心靈的旅程，瑞士的Aescher旅館會是最佳的落腳處。

source: http://images.gadmin.st.s3.amazonaws.com

自我評量

1.哪間旅館是旅館中唯一不必做廣告的旅館？為什麼？

2.簡述旅館造型的重要性，並舉例九種不同的旅館外型設計。

3.簡述旅館設計美學。

4.何謂黃金比例？

5.旅館照明設備中，主要的燈具型式有哪些？

6.客房的專用配備有哪些？

7.旅客客房的消耗備品大致有哪些？

8.國際觀光旅館的客房數至少應該有幾間？

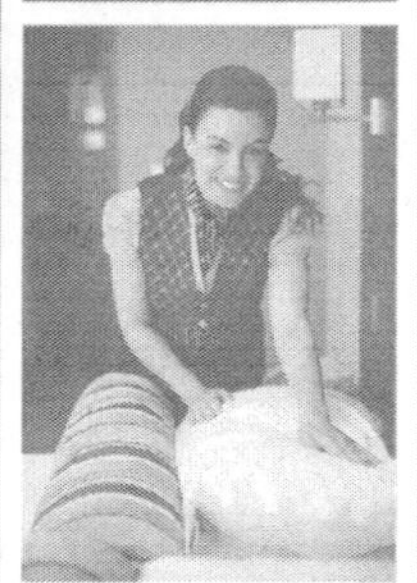

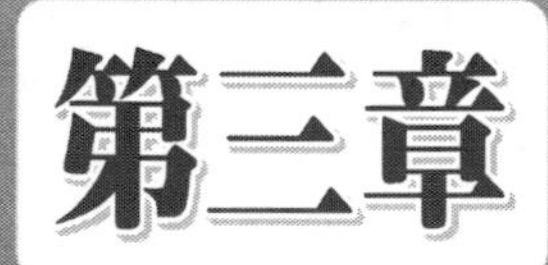

第三章 旅館的分類與組織

- 旅館的分類
- 旅館的等級評鑑
- 旅館客房的分類
- 旅館的組織
- 專欄——國賓大飯店的經營管理

第一節　旅館的分類

旅館依法規、地點、規模、功能等不同，有下列幾種分類方式：

一、按法條規定分類

我國旅館業的分類和事業主管機關，依據各類法規來比較，如**表3-1**。

二、按旅客停留時間分類

按旅客停留時間的長短可分為：

1.短期住宿用旅館（Transient Hotel）：供給住一週以下的旅客。
2.長期住宿用旅館（Residential Hotel）：供給住一個月以上且有簽訂合約之必要。
3.半長期住宿用旅館（Semi-Residential Hotel）：具有短期住宿用旅館的特點。

表3-1　旅館業的法規分類

法規	分類	主管機關
發展觀光條例	觀光旅館業、旅館業、民宿	在中央為交通部；在直轄市為直轄市政府；在縣（市）為縣（市）政府。
觀光旅館業管理規則	國際觀光旅館及一般觀光旅館	在中央為交通部；在直轄市為直轄市政府；在縣（市）為縣（市）政府。
旅館業管理規則	觀光旅館以外的旅館	在中央為交通部；在直轄市為直轄市政府；在縣（市）為縣（市）政府。
民宿管理辦法	民宿	在中央為交通部；在直轄市為直轄市政府；在縣（市）為縣（市）政府。

三、按旅館所在地分類

1.都市旅館（City Hotel）：指位於市區的觀光旅館。
2.休閒旅館（Resort Hotel）：位於風景區或渡假勝地的觀光旅館。

四、按旅館特殊的立地條件分類

1.汽車旅館（Motel）：又稱公路旅館，位於公路邊，房租較一般商業旅館便宜。美國是汽車旅館最多的國家。目前國內有業者投資豪華型的汽車旅館，其裝潢與設備皆屬頂級的，如薇閣汽車旅館。
2.機場旅館（Airport Hotel）：又稱過境旅館，為提供過境或轉機的旅客作短時間休息的旅館。

五、按特殊目的分類

1.商務旅館（Commercial Hotel）。
2.公寓旅館（Apartment Hotel）。
3.療養旅館（Hospital Hotel）。

六、小結

為方便讀者對國外旅館名稱有通盤的瞭解，茲分述如下：

1.都市旅館（**圖3-1**）包括：
(1)短期住宿旅館（Transient Hotel）。
(2)商務旅館（Commercial Hotel）。
(3)都市區旅館（Downtown Hotel）。

圖3-1　位於台北火車站附近的台北凱撒大飯店（原名希爾頓飯店）

(4)郊外旅館（Suburban Hotel）。

(5)火車站旅館（Station Hotel）。

(6)機場旅館（Airport Hotel）。

(7)港口旅館（Seaport Hotel）。

(8)會議旅館（Convention Hotel）。

(9)日式商務旅館（Business Hotel）。

(10)汽車旅館（Motel）。

(11)公路旅館（Highway Hotel）。

(12)長期住宿旅館（Residential Hotel）。

(13)公寓旅館（Apartment Hotel）。

(14)歐式公寓旅館（Pension）。

(15)客棧（Inn）。

2.休閒旅館包括：

(1)山岳旅館（Mountain Hotel）。

(2)湖濱旅館（Lakeside Hotel）。

(3)海濱旅館（Seaside Hotel）。

(4)溫泉旅館（Hot Spring Hotel）。

(5)運動休閒旅館（Sports Hotel）。

(6)高爾夫旅館（Golf Hotel）。

(7)滑雪小屋（Ski Lodge）。

(8)汽車旅舍（Mobillage）。

(9)露營小屋（Camp Bungalow）。

(10)遊艇旅館（Yacht Hotel）。

(11)汽船旅館（Boatel）。

(12)歐式分租公寓（Eurotel）。

(13)美式分租公寓（Condominium）。

為便於比較都市、商務、休閒三種旅館經營特性，將其整理歸納如**表3-2**。

第二節　旅館的等級評鑑

世界各國政府依據旅館的建築、設施、清潔維護、服務品質及經營管理，訂出各種不同的等級評鑑，提供消費者參考，茲分述如下：

表3-2　三種基本旅館比較表

旅館分類	都市旅館	商務旅館	休閒旅館
本質	注重旅客生命之安全，提供最高的服務	提供商務住客所需合理的最低限度之服務	注重住客的生命安全，提供娛樂方面之滿足
推銷強調點	氣氛、豪華	低廉的房租、服務的合理性	健康活潑的氣氛
商品	客房＋宴會＋餐廳＋集會	客房＋自動販賣機＋出租櫃箱	客房＋娛樂設備＋餐廳
客房餐飲收入比率	4：6	8：2	5：5
旅行社與直接訂房的比率	7：3	4：6	5：5
損益平衡點	55%～60%	45%～70%	45%～50%
外國人與本地人	8：2	2：8	3：7
客房利用率	90%	80%	70%
菜單種類	150～1,000種	30～100	50～200
淡季	12月中旬～1月中旬	無變動	12月～2月（冬季）
員工人數與客房比例	1.2：1	0.6：1	1.5：1
資本週轉率	0.6	1.4	0.9
推銷費、管理費	65%	40%～50%	65%
用人費	24.7%～26.4%	15%	27%～29%

一、國外的旅館等級評鑑

(一)美國

1.美國汽車協會（AAA）：以「鑽石」爲評鑑標準標識。

2.《汽車旅遊指南》（*Mobil Travel Guide*）：由美國汽車石油公司出版，對北美地區旅館作評鑑，以「星星」爲評鑑標識，包含一星級至五星級。

(二)加拿大

有全國性的CAA和National Canada Select兩種評鑑制度，評鑑的方式採取無預警、不定期的抽檢，以「星星」為評鑑標識。

(三)法國

1.官方：由旅館產業部評鑑，評鑑的結果刊登於《旅館名錄》，其中分一至四星級。
2.非官方：由米其林輪胎公司評鑑，住宿部分以「洋房」為等級標識，而餐飲部分以「湯匙」為等級標識。

(四)英國

由英國觀光局（ETB）評鑑，分為品質評鑑和等級評鑑，以「皇冠」為評鑑標識。

(五)義大利

旅館部分分為五級：豪華級、一級、二級、三級、四級等。公寓部分則分三級：一級、二級、三級。

(六)西班牙

由政府實施強迫性的評鑑制度，以「星星」為評鑑標準，包括一星級至五星級。

二、國內的旅館等級評鑑

民國93年政府對旅館業以「星級」作為等級標識，取代「梅花」標識，採取以三年一度的評鑑模式。就「建築設備」（滿六百分）及「服務品質」（滿四百分）分為兩階段來實施。

1.第一階段為「建築設備」評鑑，所有的觀光旅館皆須接受評鑑，若評鑑為三星級者，可以自由決定是否接受「服務品質」評鑑，其費用由政府編列預算支付之。

2.第二階段為「服務品質」評鑑，由各旅館自行決定是否參加，而其費用由旅館業自己負擔。「服務品質」評鑑採無預警方式，由評鑑委員以一般消費者的身分前往旅館住宿，作實際的考核。

3.評鑑標識有標明有效期限，且不同年度以不同底色的標誌，使消費者方便區別。**圖3-2**為觀光旅館的專用標識。

4.星級種類：(1)一星級（Economy）；(2)二星級（Some Comfort）；(3)三星級（Average Comfort）；(4)四星級（High Comfort）；(5)五星級（Deluxe）

政府重新訂定旅館等級評鑑制度，台灣的旅館業於2009年正式實施。

圖3-2　國際觀光旅館（左）與一般觀光旅館（右）專用標識

第三節　旅館客房的分類

旅館客房的分類包括：典型的基本分類、旅館業法規分類及其他分類法三種，分述如下：

一、典型的基本分類

典型的基本分類有六種，在現代旅館已是罕見，目前僅各國的青年旅舍還在沿用。

1.單人房附浴室（Single Room with Bath, SW/B）。
2.單人房不附浴室（Single Room without Bath, SW/OB）。
3.單人房附淋浴（Single Room with Shower, SW/Shower）。
4.雙人房附浴室（Double Room with Bath, DW/B）。
5.雙人房不附浴室（Double Room without Bath, DW/OB）。
6.雙人房附淋浴（Double Room with Shower, DW/Shower）。

二、旅館業法規的分類

「觀光旅館建築及設備標準」中規定，每間客房的淨面積（不包括浴廁）不得小於**表3-3**所列的標準。

表3-3　觀光旅館客房淨面積

	一般觀光旅館	國際觀光旅館
單人房	10平方公尺	13平方公尺
雙人房	15平方公尺	19平方公尺
套房	25平方公尺	32平方公尺

專用浴廁面積國際觀光旅館不得少於3.5平方公尺，一般觀光旅館則不少於3平方公尺，但浴室須設置浴缸、淋浴設備、洗臉檯及坐式沖水馬桶等。

三、其他分類法

其他分類法包括四種：(1)按床數及床型區分；(2)按房間的方向區分；(3)按房間與房間的關係位置區分；(4)按特殊設備區分。

(一)按床數及床型區分

1.單人房（Single Room, S）：床鋪採用一張雙人大床或一張單人小床兩種。單人房內如放Queen Bed則稱為高級單人房（Queen Room）；若放King Bed則稱為豪華單人房（Deluxe Single Room）（**圖3-3**）。

2.雙人房（Twin Room）：為兩個人住的房間，設置兩張單人小床（**圖3-4**），主要提供旅遊團體客人入住使用。

圖3-3　豪華單人房（Deluxe Single Room）

資料來源：台北花園大酒店。

圖3-4　雙人房（Twin Room）

資料來源：台北花園大酒店。

3.三人房（Triple Room）：一般為一張雙人大床加一張單人床，或是三張單人小床。

(二)按房間的方向區分

1.向內的房間（Inside Room）：即無窗戶的房間，價格比較便宜。

2.向外的房間（Outside Room）：為客房的窗戶面向街道或風景，可向外觀景。

(三)按房間與房間的關係位置區分

1.鄰接房（Adjoining Room）：兩個房間相連接，但中間無門可互通，即兩間隔鄰的房客。

2.連通房（Connecting Room）：兩個房間相連接，中間有門可互通，父母親不必再更衣即可到另一房間探視兒女，適合家庭旅遊的客人住宿。

(四)按特殊設備區分

1.套房（Suite）：除了臥室外，附有客廳、廚房、酒吧，有的甚至有會議廳等齊全的設備，房內面積特別大，如總統套房、蜜月套房等。

2.雙樓套房（Duplex Suite）：與前述套房不同的是臥房在較高一樓，其他設備跟套房相同。

第四節　旅館的組織

旅館的組織目前尚無一定的標準，但大致卻差不多，不論旅館各部門如何組織與區分，旅館之基本職掌大致相同。一般而言，旅館作業區可分爲兩大部門，一爲「外務部門」（Front of the House）；一爲「內務部門」（Back of the House）。外務部門另稱營業部門，而內務部門即是一般的管理部門。

如以軍事組織爲例，旅館「外務部門」猶如前方作戰之戰鬥部隊，而「內務部門」則如後勤部隊之行政支援，兩者職責不同，但目的則一，應分工合作，適時適切妥爲接待旅客，使之感覺賓至如歸。

總之，不論旅館規模的大小如何，其組織部門概略相似，可分爲客房、房務、餐飲、人事、會計、工務、業務等部門。小型旅館組織簡單，分工較粗，一人可能兼任數職，而大型旅館則規模愈大，組織愈複雜，分工愈精細，其所需分工合作之程度愈高（**圖3-5**至**圖3-7**）。

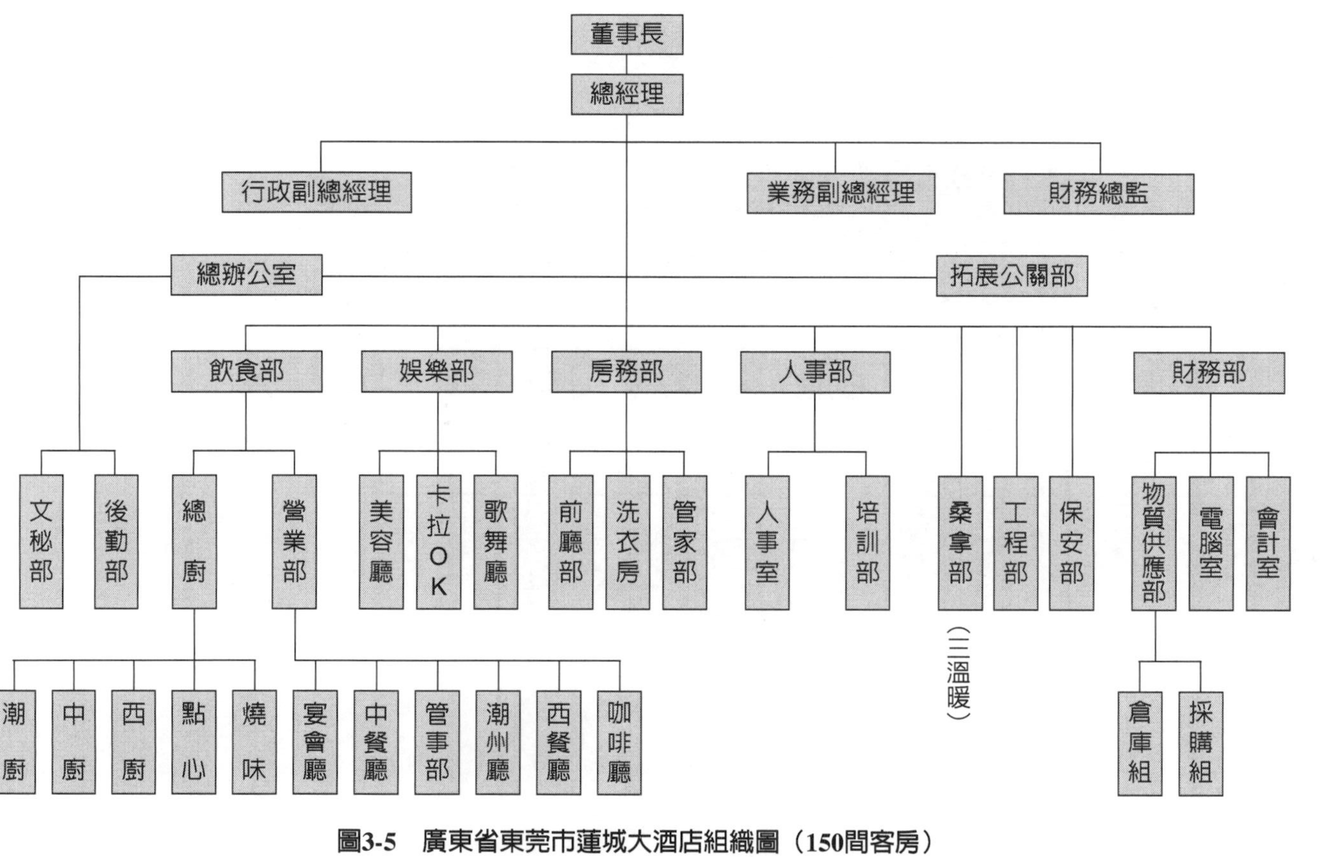

圖3-5　廣東省東莞市蓮城大酒店組織圖（150間客房）

資料來源：廣東省東莞市蓮城大酒店。

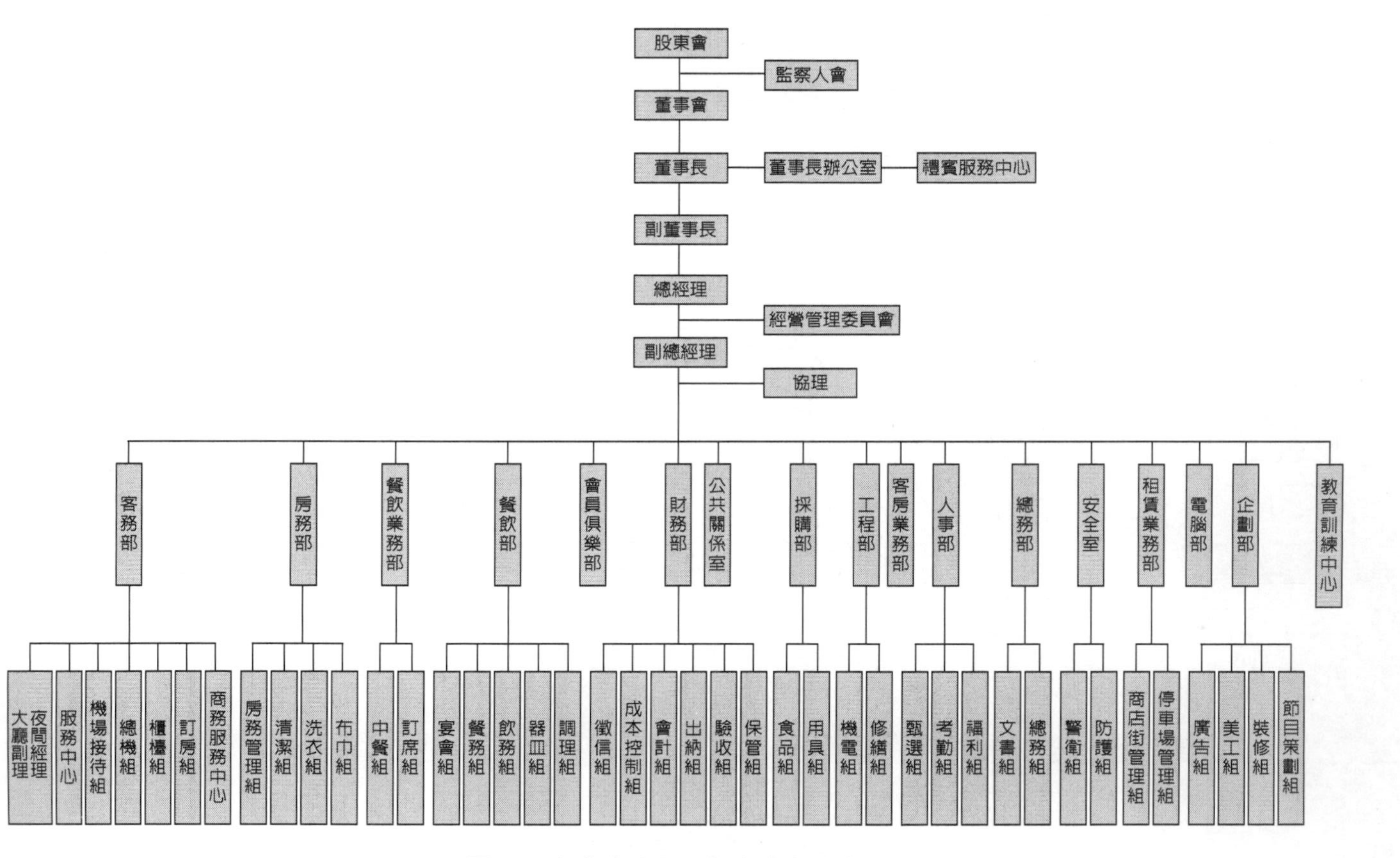

圖3-6　台北喜來登大飯店組織系統圖

資料來源：台北喜來登大飯店。

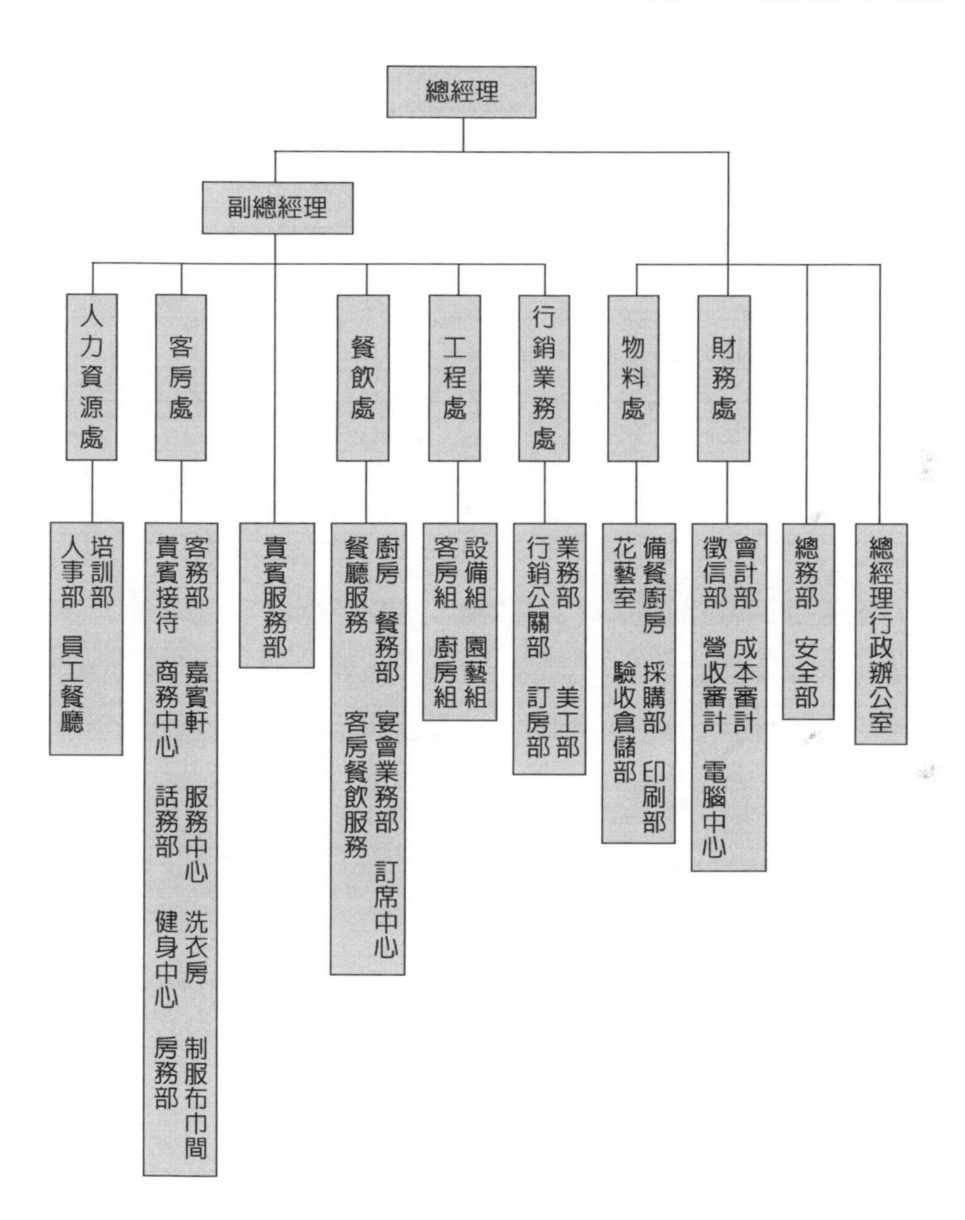

圖3-7　台北君悅大飯店組織系統圖

資料來源：台北君悅大飯店。

旅館內部組織有直線式、幕僚式及混合式等三種型態，分述如下：

1.直線式（Line Control）：指揮系統由上而下，如同一直線，每個人的責任劃分得很明確，強調組織服從性，部屬有執行的責任與權限。
2.幕僚式（Staff）：幕僚式組織的人員爲顧問性質，僅提供專門的知識給各部門主管，而無權直接發布命令。
3.混合式（Line and Staff）：混合直線式與幕僚式，使兩者相輔相成，是近代旅館最爲普遍採用的方式。

專欄 國賓大飯店的經營管理

台北國賓大飯店（Ambassador Hotel Taipei）座落於中山北路，於民國53年12月正式開幕營業，至今已走過五十多年的歲月。

民國67年為配合政府開發南部觀光地區，動土興建高雄國賓大飯店。民國70年12月高雄國賓大飯店正式開幕，飯店中西餐廳皆備，提供南部顧客喜慶宴會、酒會及開會之舒適場所。

民國85年11月新竹國賓大飯店動土，而於90年5月新竹國賓大飯店正式開幕。

國賓飯店從台北國賓大飯店，繼而高雄國賓大飯店與新竹國賓大飯店陸續成立，這些年由於經濟結構變化與產業競爭，國賓不斷推出創新的策略來突破，因此至今依然屹立不搖。

為貫徹運用跨館之整合行銷、策略管理與資源共享，特別將三家飯店的管理架構，進行突破性的調整，以進行全面性品質升級計畫。

台北國賓大飯店宴會場所共有28間，每間都具良好隱密空間的多功

能會議及用餐空間，且特別設計成為可調式之彈性宴會場地，為顧客提供舒適優雅的用餐場所。

台北國賓大飯店的客房為432間，員工包括客房部、餐飲部、管理部及其他部門總計有465人。由觀光局的統計得知，2007年客房總收入為395,742,933元，客房住用率為77.85%，平均房價3,254元。在住宿的各國旅客中，以日本旅客108,524人為最多，所占比率為63.79%，其次為亞洲旅客32,928人，所占比率為19.39%。客房部的從業人員為134人，餐飲部門為268人，管理部為70人。餐飲部門總收入為683,246,354元，員工平均產值為2,549,427元，產值較佳，為國際觀光旅館產值最高的旅館。

在個別旅館方面，營業收入前十名之飯店中，台北君悅排名第一，而台北國賓大飯店亦擠進十大，排名第九。

觀光旅館業發達，可帶動自然資源、文化資產、交通運輸、餐飲、購物中心、商店、休閒設施及其他相關產業的繁榮。政府之「觀光客倍增計畫」，觀光旅館業受其正面的影響，營運上有不錯的成果，而台北國賓大飯店由於有良好的經營團隊，業務也蒸蒸日上。

自我評量

1.旅館依法條規定如何分類？

2.請簡述旅館的分類。

3.國外旅館如何等級評鑑？請舉例說明。

4.國內旅館等級評鑑的方式為何？

5.什麼是客房的典型分類？

6.觀光旅館客房淨面積是多少？

7.客房其他分類法包括哪幾種？

8.旅館內部組織有哪些型態？

第二篇
客務管理

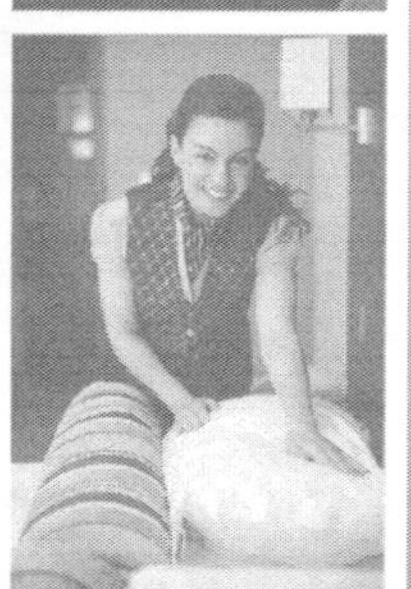

第四章 客房部的組織與職掌

- 客房部的組織及工作職掌
- 客務人員之專業技能
- 客務部和其他單位之關係
- 專欄──美國旅館家斯塔特勒的經營理念

觀光旅館由於有優美的造型及良好的室內裝潢設計，再加上硬體設備，能提供旅客住宿、餐飲、會議、社交、休閒、娛樂等功能，民眾的食、衣、住、行、育、樂均包括於其中，因此，旅館除了須具備多功能的硬體及設施，更重要的是須有高水準的服務品質，軟、硬體的配合，創造旅館的優質企業形象，旅館的業務方能欣欣向榮。

第一節　客房部的組織及工作職掌

客務部（Front Office）又稱前檯，每個客人在抵達或退房離開旅館，都會直接與前檯服務人員接觸。因此，客務部可說是旅館的先驅部隊，對建立旅館的形象和聲譽有重要的使命，從業人員須具備專業的知識，眞心關懷客人，藉由人性化的服務，將服務品質推向更高的境界，而達到服務業的眞諦。

旅館的客房部（Room Division）是由客務部與房務部共同組成的。客務部主要負責的業務包括訂房、接待、服務中心、總機、郵電及機場代表等單位。有的旅館僅設客房部，負責客房業務，而沒有再細分客務部與房務部。觀光旅館營業項目較多，規模較大，部門分工較細，人員的編制也相對的增加。大型旅館的客房部門，通常分爲客務部與房務部兩個部門，然後再依實際的需要設置不同的組別（**圖4-1**）。至於小型的旅館，大多數的業者爲獨資經營，在精簡人事的狀況下，因此未設任何部門，旅館僅設主管、副主管各一名，再加上櫃檯人員、房務人員數名。中型的觀光旅館則有經營中／西餐廳、會議場所、酒吧及咖啡廳等。

一般國際觀光旅館的客務部組織（**圖4-2**），可分爲訂房組、服務中心、櫃檯接待、總機、櫃檯出納等，茲將其工作職掌與組織分述如下：

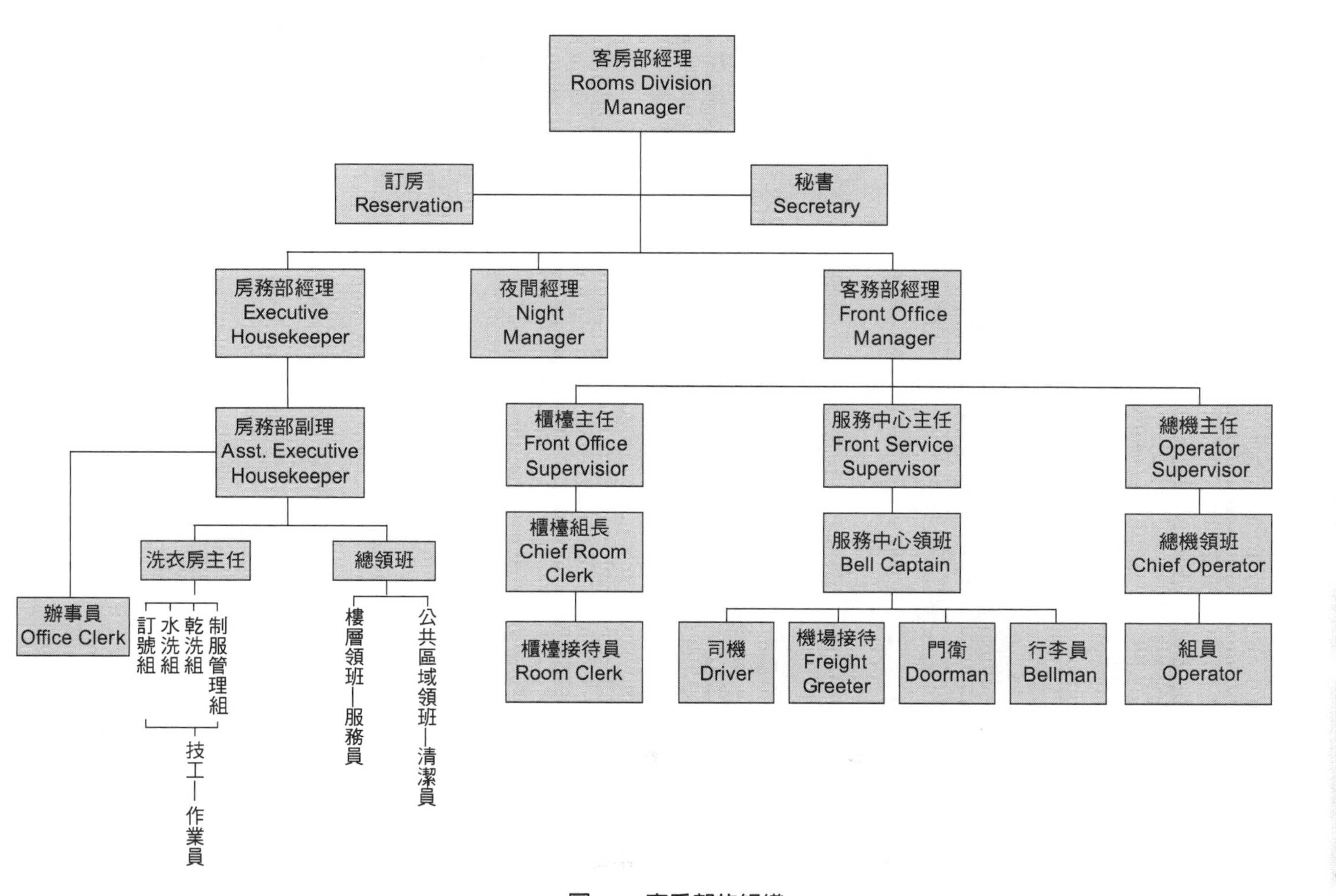
客房部經理
Rooms Division Manager
訂房
Reservation
秘書
Secretary
房務部經理
Executive Housekeeper
夜間經理
Night Manager
客務部經理
Front Office Manager
房務部副理
Asst. Executive Housekeeper
辦事員
Office Clerk
洗衣房主任
訂號組
水洗組
乾洗組
制服管理組
技工—作業員
總領班
樓層領班—服務員
公共區域領班—清潔員
櫃檯主任
Front Office Supervisior
櫃檯組長
Chief Room Clerk
櫃檯接待員
Room Clerk
服務中心主任
Front Service Supervisor
服務中心領班
Bell Captain
司機
Driver
機場接待
Freight Greeter
門衛
Doorman
行李員
Bellman
總機主任
Operator Supervisor
總機領班
Chief Operator
組員
Operator

圖4-1　客房部的組織

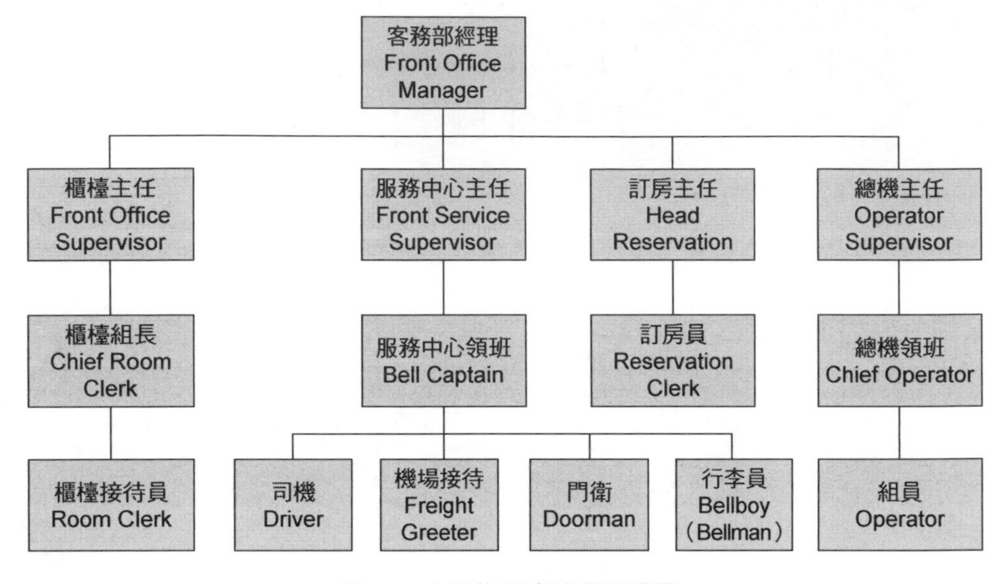

圖4-2　大型旅館客務部組織圖

一、客務部各部門工作職掌

客務部爲旅館的神經中樞，直接掌控旅館每日的營運，包括客人與訂房組的預約房間聯繫；其後客人抵達旅館之服務中心，門衛與行李員的服務；櫃檯接待人員的住宿登記與房間的安排；在客人住宿期間對於電話的使用，須詢問總機；若是商務旅客則旅館需提供商務中心的服務；最後客人要離開時，則須到櫃檯出納辦理遷出手續等，以上爲客務人員的工作職掌，說明如下：

(一)訂房組的工作職掌

1.接受客人對於客房的種類、價格、設備及設施之詢問。
2.接受客人之訂房，並加以確認。
3.塡寫各項訂房的記錄，並製作訂房表格。

4.建立及保存住客的歷史資料。

5.處理各項與訂房相關的事務，如傳真、電話、信件或e-mail。

6.安排處理旅行社等相關團體之訂房。

7.預收客人訂房保證金。

8.隨時掌控旅館可銷售的房間數。

9.熟悉客房銷售技巧及瞭解旅館房價政策。

10.服從上級的指示，完成交辦的事項。

(二)櫃檯接待與出納的工作職掌

1.辦理個人與團體旅客住宿登記、房間的說明，並將資料輸入電腦。

2.隨時掌握最新的住房情形，及訂房組下班後，負責處理訂房作業。

3.負責客房鑰匙的收發管理。

4.處理房客所提出的問題，並向上級主管反映客人的抱怨與意見。

5.處理住客的換房要求，並通知相關單位配合。

6.瞭解當日遷入與遷出的房間數，VIP的姓名、身分，及當日各餐廳的宴會資料與旅館所舉辦的活動。

7.爲客人服務兌換外幣與退款作業。

8.提供相關單位之房客資料報表，並配合旅館房價優惠促銷活動。

9.辦理旅客結帳之工作（**圖4-3**）。

10.服從上級指示，完成所交辦的事項。

(三)服務中心的工作職掌

服務中心的人員包括機場代表、司機、門衛及行李員，其職掌如下：

圖4-3　旅館的櫃檯工作人員

資料來源：台北花園大酒店。

1.負責旅客的接送與行李的運送。

2.代客查詢資訊並協助客人上網。

3.書信物品之收發。

4.車票、飛機票之代訂與確認及代客停車之服務。

5.安排會議室、電腦設施及影印設備之租借。

6.處理雜誌之訂閱和清點。

7.協助櫃檯留言及其他附帶的事務。

8.服從上級指示，完成所交辦的事項。

(四)總機的工作職掌

1.轉接電話及留言服務。

2.回答客人來電詢問有關館內活動的相關資訊。

3.對房客提供喚醒服務。

4.代客撥打國內、國際長途電話。
5.旅館之緊急和意外事件之通知。
6.熟練操作旅館之播音系統及負責館內音樂之控制。
7.電話帳單之核對。
8.嚴格保密公司內部之商業機密。
9.對於旅客提出之服務要求，負責聯繫相關部門。
10.服從上級指示，完成所交辦的事項。

二、客務部各階層員工之職掌

客務部員工依其所屬的單位、層級而有不同的職掌，分述如下：

(一)客務部經理（Front Office Manager）

1.負責旅館內客務部的一切業務。
2.瞭解部門內各單位的工作職掌及作業標準程序。
3.有效的控制成本及人力支出費用。
4.執行員工訓練計畫，並確保幹部及員工能提供最好的服務。
5.能適當的解決顧客的抱怨。
6.制定部門之薪資標準，並安排部門各式的活動。
7.主持固定的幹部會議，並檢討工作上的缺失。
8.傳達上級的命令，向部屬闡明旅館的營業方針及目標政策。
9.對各部門保持良好的關係，增加溝通上的協調，減少溝通上之障礙。
10.執行公司之徵信制度，以減少壞帳的損失。

(二)夜間經理（Night Manager）

代表經理處理一切夜間的業務，是夜間經營之最高負責人，必須具有豐富的經驗、判斷力及反應敏捷。

(三)大廳副理（Assistant Manager）

大廳副理負責在大廳處理一切顧客之疑難，一般而言是由櫃檯的資深人員升任，此一職務責任重大，必須對旅館的全盤問題瞭若指掌，大廳副理的辦公桌常設於旅館大廳明顯的位置（**圖4-4**），主要任務爲溝通旅館職員與客人之間的問題，需具備有應對的能力，能適當處理各種不同性質的問題。

(四)櫃檯主任（Front Office Supervisor）

1.訂定櫃檯接待及出納標準作業程序，以利旅館營運之進行。
2.與其他部門單位保持良好的關係。
3.監督鑰匙的管制。
4.有效的解決顧客的抱怨。

圖4-4　大廳副理的辦公桌

5.檢視當日到達客人及團體的資料，並通知各相關單位。

6.隨時督導部屬要熱忱的服務客人。

7.參與每月櫃檯會議及詳細轉達上級的命令並督導實行。

8.處理相關的行政作業，掌握員工請假、調班等事宜。

9.負責員工的職前訓練與在職訓練。

(五)櫃檯組長（Chief Room Clerk）

1.協助櫃檯主任處理各項事務。

2.督導及分配部屬工作。

3.接待貴賓，安排特別的服務。

4.處理客人之要求及抱怨事宜。

5.教導並審核接待的工作內容。

6.參與每月櫃檯會議。

7.督導員工之服裝儀容及應有的服務態度。

8.隨時注意審核櫃檯內零用金之數量。

9.完成主管指派的任務。

(六)櫃檯接待與出納（Room Clerk & Cashier）

1.處理旅客登記並配合住客的要求，給予適當的房間。

2.瞭解訂房程序，處理當天的訂房。

3.旅客的入帳、團帳、兌換外幣及信用卡等作業處理。

4.保管已到達的物品、郵件、包裹及留言等，客人抵達時，負責轉交給客人。

5.對於旅館內各項設施須熟悉，方能回答客人的詢問。

6.瞭解緊急狀況與意外事件的處理方法。

7.熟悉當日館內各單位的活動項目，如各項會議、宴會的舉辦地點。

8.處理顧客的抱怨。

9.熟悉各項會計科目，方便結帳之操作。

10.熟悉辨識現鈔之眞僞。

11.須隨時留意電話費、付費電視是否有計入房客帳內。

12.客人未遷出時帳單勿先列印，以免漏收其他消費帳。

13.每筆帳目均需開立統一發票。依照電腦時間結前日總帳後，報表金額須與現金相符，方可交會計部門。

第二節　客務人員之專業技能

客務部從業人員是代表旅館最先與客人接觸的人，其表現攸關旅館之企業形象。因此，客務人員的專業能力非常重要，包括語言能力、溝通能力、情緒管理（EQ）、銷售技巧及人際關係等。此外，尙須具備熱心、耐心，旅館大師斯塔特勒曾說「顧客永遠是對的」（The guest is always right.）。親切有禮貌服務客人，是從業人員應具有的職業道德。有關客務人員應有的專業技能，分述如下：

一、禮儀

(一)禮儀之重要性

禮儀是指服務人員的外表儀態、熱忱、貼心及友善的表現。每個服務人員應該具有自信心，要懂得禮貌，能隨時開口說「謝謝！」、「對不起！」，迎接客人要說「歡迎光臨！」，送客要說「請慢走！」、「謝謝您的光臨！」或「歡迎再來！」。此爲對客人最基本的進退應對之語，要時常牢記在心。

(二)禮儀應注意的事項與執行要點

身為旅館的從業人員，應該記住，你的表現會影響旅館的服務水準。因此，必須建立自信心及專業的形象。禮儀應注意的事項及執行要點，說明如下：

◆衣著

衣著以公司制服為準，外面不可加穿制服以外的衣物。男士的襯衫下沿紮入褲內，無領帶、領結者，上扣剩一個，其餘全扣。領結要正中不歪斜，領帶大小要適中，長度到腰帶上。黑色低跟皮鞋，黑色或深藍色短襪。女士則襯衫下沿紮入裙內，衣著保持乾淨。上班時，耳環、項鍊、戒指、手錶等顏色及形狀，須以簡單、大方為原則。若穿黑色制服則著黑色高跟鞋、黑色絲襪，其他顏色的制服則膚色絲襪。女士須化淡妝，少許胭紅、紅色唇膏，令人覺得氣色好、儀態佳。

◆站姿

兩肩要平衡、兩臂自然垂下，左臂輕握右手。男士兩腳分開與肩同寬；女士左腳前、右腳後成T字型。

◆鞠躬的方法

1.男士上半身彎曲時，手指指尖向前伸，並緊貼在褲子邊緣上。
2.女士上半身彎曲時，左手在上，且雙手相叉放於身體前方位置。

◆走路的方法

1.服務人員須感覺腳下有一條直線，當踏出一步時，須重心往前傾，沿著這條線走。
2.走路的姿態要良好，不可以內、外八字，女士須收下巴，兩眼平視，雙手微握而自然擺動。

3.體態自然，勿低著頭走路，須抬頭挺胸，步伐勿拖步。

◆接電話的要點

電話鈴響三聲內一定要儘快接聽，保持微笑，親切的說：「×××飯店，您好！敝姓×，很高興爲您服務！」假如是代轉電話，可說：「請稍候，我幫您轉接，謝謝您的來電！」主管或同事不在時，可回答：「請問要留話嗎？」留電話或地址、日期、時間後，要複誦一次，以確認無誤，並且說：「謝謝您的來電！」等客人先掛上電話後，你才可掛電話，同時將留言放在主管或同事的桌上。

◆服務客人的技巧

1.服務客人時要展現出發自內心的微笑。
2.須有熱忱、耐心爲客人服務的精神，要婉轉的爲客人解說，而不要在客人面前說「不」。
3.有禮貌的看著客人，聆聽客人說話，且客人說完話，才可以回答。
4.態度要溫和有禮，說話的音調要清晰，音量適中，並要有良好的說話技巧，方能順利的與客人溝通。

(三)與上司、同事相處的禮儀與態度

◆與主管相處

1.上司叫你，應馬上趨前，詳加記錄上司所交待的任務。
2.下班前，要先與上司打招呼，以示尊重之心。

◆與同事相處

1.不搞小團體、不散布小道消息。

2.樂於幫助及指導同事。

二、銷售的技巧

旅館的銷售業務是最具挑戰性的工作，客務人員首先必須瞭解客人的需求，而不是強迫顧客購買不想要的產品。因此，客務人員有必要瞭解旅館的設施，方能提供最好的服務，茲說明如下：

(一)熟悉旅館的產品

不論是透過電話或直接與客人面對面銷售客房，客務人員應熟悉旅館本身的產品。

1.旅館的所在位置應加以瞭解，方能告訴客人如何抵達，旅館的總機及櫃檯人員常會遇見客人詢問如何抵達旅館的問題，客務人員應詳細的回答客人。例如：
 (1)若搭捷運要搭哪一條線、何站下車及如何轉乘。
 (2)假使客人搭公車，有幾種路線可以選擇及下車的站牌。
 (3)自行開車的客人，須在哪個交流道下，然後如何接市區的道路抵達旅館。
 (4)若是搭飛機，則旅館在出境有接機代表，可搭旅館的專車。
2.須瞭解旅館的房間數、客房種類、房間的視野、床鋪的大小、房內的備品、裝潢及其特色。假如銷售人員不清楚旅館本身的產品，則無法答覆客人的需求，而且很可能安排錯誤而造成客人的抱怨。
3.對於旅館內各餐廳所提供的菜色、平均售價及營業時間要熟記，方能推薦客人到餐廳享用美食。
4.對於旅館附近的特別景點或特殊節慶所舉辦的活動，應加以瞭解，才能回答客人所提出的問題。

(二)推銷的技術

◆對於猶豫不決顧客的推銷方法

有的客人可能是第一次進旅館或者第一次光臨飯店，當客人到櫃檯詢問客房的類別與價格時，這是一個很好的推銷機會。對於猶豫不決的顧客，要以關切的態度，設法使他留宿，提供合適的房間類型，推薦不同的房間供客人參考。為表示尊重顧客，首先應推薦較高房租的房間，客人覺得貴，則會選擇中價位的客房，若尚無法決定，可派一個櫃檯接待員或副理帶客人看房間，即使沒有留宿，然而下一次需要房間時，將會記起旅館所做的這種特別服務。

◆在最忙碌的時刻推銷房間的方法

在同一時間中，可能有許多旅客會來櫃檯辦理登記，櫃檯服務人員應儘快地提供迅速的服務，否則客人會等得不耐煩。為了顧及各種不同層次的顧客，應預先安排各種等級的房間，方便分配。例如在旅客未到達時，查閱電腦資料，把客人的房間預先安排好，至於尚未賣出的空房則可提供事前未訂房的客人，此時可將最貴的房間推薦給Walk-in的客人，若客人拒絕所提供的建議，則提供較便宜的客房，直到客人滿意為止。

另外，櫃檯人員亦須記住，在旅館中每一位員工都是業務員。因此，不只是負責客房的銷售，並且也要促銷旅館的其他設施與服務，例如：提醒客人飯店內備有中、西餐廳，可提供訂位之相關服務。櫃檯人員為達到有效的促銷，應瞭解每個餐廳的特色。

第三節　客務部和其他單位之關係

旅館的經營是一天二十四小時、一年三百六十五天不斷地營運。除了有形的設施使顧客感到舒適便利外，最重要的就是服務。旅館的服務工作是整體性的，並非某一部分、某一部門或某一個人做好就可以了。

例如有三十二人的團體住進了旅館，首先，訂房組應把訂房卡在前一天晚上整理好交給櫃檯，而早班的櫃檯人員要控制好當天有多少空房來安排這個團體，他就需要和房務部人員聯絡房間的狀況，然後先做好團體名單，分配好房間。當團體旅客到達時，行李員要負責將行李搬運到大廳，清點數量，結掛行李牌，依名單寫上房號，立即分派到各房間。房間服務員開始爲客人服務，如提供茶、水、洗衣、用餐、擦鞋等。此時，櫃檯人員要與導遊或領隊聯絡團體用餐的種類、方式、時間、叫醒時間、下行李時間等事項。至於個人的旅客所需要的服務亦相同。

所以客務部與其他單位的關係是密不可分的，其關係如下：

一、餐飲部

對房客餐飲服務項目有：

1.客房餐飲服務。
2.住客的餐飲簽單。
3.餐券的使用及用餐時間的協調。
4.招待飲料券（Complimentary Drink）之使用。
5.蜜月套房（Wedding Room），即提供婚宴新人當晚免費住宿的

客房。

6.餐飲布巾類的取用與汰舊。

7.協助酒席賓客停放車輛。

二、工務部

客房及公共設施之修護與保養，例如：

1.客房各項設備、機件的修護與保養。

2.備品損壞時，能迅速通知與迅速修護。

3.修理時，通知正確的時段並避免打擾客人。

三、財務部

負責房客帳單的審核及財務報表之製作。

1.製作與核定帳單。

2.收取帳款。

3.核對庫存品。

4.支付薪金。

四、採購單位

負責採購客房所需各項備品。

1.建議採購物品之特性、成本。

2.及時供應各項備品並建立供貨的週期。

3.備品瑕疵時，能立即要求供應商做完整的售後服務。

五、安全單位

負責館內人、事、物的防護工作。

1.可疑人、事、物的通報與防止。
2.大宗財務、金錢的保全。
3.意外事件的防止。
4.處理竊盜事件。
5.安全系統之建立。

專欄　美國旅館家斯塔特勒的經營理念

美國旅館家埃爾斯沃思·密爾頓·斯塔特勒（Ellsworth Milton Statler）1863年出生於美國賓州。斯塔特勒是把豪華貴族型飯店時代真正推進到現代產業階段的商業型飯店時代的鼻祖。他的經營方法與里茲迥然不同，他的成功經驗之一，是在一般民眾能夠負擔得起的價格內提供必要的舒適、服務與清潔的新型商業飯店，或者說，在合理成本價格限制下，盡可能為顧客提供更多的滿足。

斯塔特勒建造並經營的第一家正規飯店是舉世聞名的布法羅斯塔特勒飯店（Buffalo Statler Hotel）。該飯店1908年開業，擁有300間客房，它在美國首次推出了每間客房配備浴室的新款式。斯塔特勒的推銷口號是「有浴室的房間只要1.5美元」（a room and a bath for a dollar and half）。這家飯店在開業第一年就獲利三萬美元。而且斯塔特勒也迫使他的競爭對手們不得不仿效他的方式，來改革自己的旅館，以保住自己已有的市場占有率。

事實上，直至現代，斯塔特勒的飯店在美國飯店業中仍是設施、設備和服務方面的典範。例如，門鎖與門把合成一體，鑰匙就設在門把手中間，使客人在暗處也容易打開門鎖，還有客房電話、開門同時能自動照明的大型壁櫥、每間客房配備浴室、浴室內裝大鏡子、冰水專用龍頭、免費給各房間送報紙等，諸如此類現代飯店所必備的設施及設備，都是由斯塔特勒一手創立的。

為實現在客房內安裝浴室的計畫，斯塔特勒首創了用一組給排水管同時供給相鄰的兩個客房的用水形式，這在後來被稱為斯塔特勒式配管，得到了廣泛的運用。

另外，斯塔特勒大批訂購標準化的器具，利用大規模訂貨的長處，削減費用。為了進一步做好成本管制，他破例聘用大學的經營學教授。

斯塔特勒先生成功的經驗之二，是強調飯店位置（location），對任何旅館來說，取得成功的最重要因素是地點。1916年，賓夕法尼亞鐵路公司在紐約建造新客運車站，他決心在紐約建立一棟大旅館。這就是世界上最大的旅館——賓夕法尼亞旅館（Pennsylvania Hotel），人們稱為紐約斯塔特勒旅館。

斯塔特勒的格言是「客人永遠是對的」（The guest is always right.）。在斯塔特勒旅館員工人手一冊的《斯塔特勒服務守則》上，他寫道：「一個好的旅館，它的職責就是要比世界上任何其他旅館更能使顧客滿意。」旅館服務，指的是一位雇員對客人所表示的謙恭的、有效的關心程度。任何員工不得在任何問題上與客人爭執，他必須立即設法使客人滿意，或者請他的上司來做到這一點。

從現代飯店發展史來看，與豪華貴族型飯店不同的商業型飯店究竟具有什麼樣的特點呢？首先，它的市場寬廣，它的顧客是一般的民眾；

第二是旅行者的目的主要是商務旅行，所以飯店主要被商務客人使用；第三是為了實現低價，實行成本控制型管理。在一定的費用範圍內，為商務客人提供高質量的設施和服務。這已經展現了薄利多銷的意圖，同時，聯營飯店的經營方式也得到了推廣。

斯塔特勒在1928年去世，享年六十五歲。當時他已建成了擁有7,250間客房的斯塔特勒飯店集團。在1929年經濟大蕭條時，美國85%的飯店面臨倒閉的困境，以斯塔特勒遺孀為總裁的斯塔特勒飯店集團卻極盡興隆，在以後的二十六年間，斯塔特勒的遺孀穩坐總裁寶座，並使斯塔特勒飯店集團的規模有所擴展，發展到擁有客房10,400間。1954年，全部飯店以一億一千一百萬美元出售給希爾頓集團，富有光榮歷史的斯塔特勒飯店劃上了句點。

自我評量

1.試述旅館客房部的組織。

2.訂房組的工作職掌有哪些？

3.櫃檯接待與出納的工作職掌有哪些？

4.什麼是服務中心的工作職掌？

5.客務部經理的職掌包含哪些項目？

6.客務人員應注意的禮儀事項與執行要點有哪些？

7.客務人員應具備的銷售技巧是什麼？

8.客務部與其他單位有何關係？

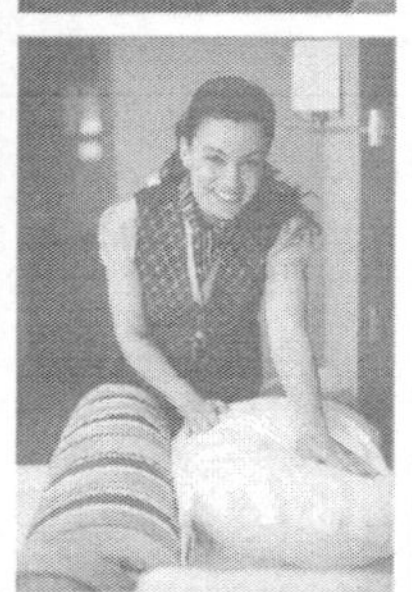

第五章 訂房作業

- 訂房之來源與種類
- 旅館房租的計算方式
- 訂房組與櫃檯之聯繫
- 旅館的連鎖經營
- 旅館與旅行社之關係
- 專欄——國際觀光旅館之營運狀況

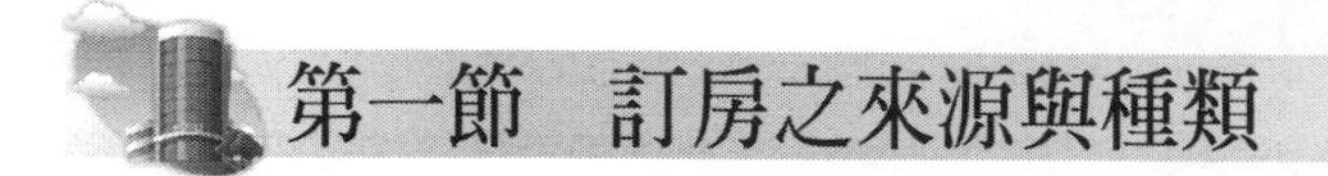

第一節　訂房之來源與種類

在旅館經營中，訂房是一項非常重要的業務，若房間住宿率低，對旅館而言將是一大損失，因此旅館訂房業務的好壞，直接影響旅館經營的成敗。

一、旅館訂房的方式

旅館訂房的方式可分為：電話、書信、口頭訂房、傳真及國際網路等五種方式，分述如下：

(一)電話

這是一般人最常用的方式。

(二)書信

以書信方式訂房者，大都以旅行社居多。旅行社會先用電話與旅館聯繫後，再開出訂房單，旅館回覆時必須註明是否接受訂房，由訂房部門主管簽字並且蓋上旅館訂房組印章。目前傳真及網路功能的便利使用，此方式已極少出現。

(三)口頭訂房

此種方式通常由旅客本人或其友人到旅館訂房居多。旅館得應訂房人之要求，開出訂房承諾書（Confirmation Letter）。

(四)傳真

若以傳真方式訂房，則旅館是否接受訂房，應以旅館確認信函回覆客人。

(五)國際網路

利用國際網路訂房爲目前流行的趨勢，國內外很多旅館已將旅館本身的特色及基本資料，製作詳細的專屬網站，旅客只需上網藉由電腦網路系統，即可選擇適當的旅館，此即科技資訊發達所帶來的方便。

二、旅館訂房的來源

旅館訂房的來源有下列五種：

(一)旅客本身或其親友

由旅客或其親友直接向旅館訂房，通常旅客會要求折扣，旅館則依公司的政策，而決定折扣的多寡，此種訂房不會牽涉到佣金問題。

(二)交通運輸公司

如航空、航運公司爲其旅客代訂客房。此種訂房因旅客的到達日期常會變動，訂房不太確定，交通運輸公司在慣例上不向旅館請求佣金。

(三)旅行社

旅館透過旅行社訂房，旅行社原則上可向旅館請求一成的佣金。此類訂房的房價享有折扣且不再加10%服務費。相反的，若客人未到旅館，旅館亦得向旅行社請求賠償。

(四)公司或機關團體

如公司舉辦員工國內外旅遊、每年召開年會、研討會、說明會等，由於公司或機關團體訂房的人數較多，故可享受特價優待或折扣，而旅館通常也會收取部分訂金。

(五)網站服務訂房

由於網際網路發達，許多旅行社提供給客人網路訂房的便利性，但會要求客人以信用卡作保證訂房後，才接受旅客的訂房要求。

旅館訂房員在收到各類訂房的訂單後，須編製訂房資料卡（**表5-1**），訂房資料卡應填記下列事項：

1.旅客的姓名。
2.旅客預定到達的日期、時間、所搭乘的班機及離開的時間。

表5-1　訂房資料卡

Name（姓名）________		Arr.（抵達）________	
________		Dept.（離開）________	
Accommodation ________		From ________	
Reserved by ________		Tel ________	
Agency ________			
Account ________			
Date ________			
Clerk（訂房員）			
Confirmations（確認）	1st	2nd	3rd
Remarks			

資料來源：詹益政（2002）。《旅館管理實務》。台北：揚智文化。

3.房間的種類及預定的人數。
4.訂房人的姓名及電話號碼。
5.付款方式是付現金或刷卡。
6.填妥佣金或折扣等事項。

如顧客有預付訂金，但因某種因素而取消訂房，在一般情形下，有事先通知者，訂金可予全部或部分退還旅客。但對於在旅客來店日期過後再申請取消訂房者，則一概不予受理。訂房之取消，旅館會要求申請人以書面申請爲準，才不會日後發生糾紛。

三、旅館訂房的種類

旅館接受顧客訂房時，需要訂房人的姓名、聯絡電話、公司名稱、房間種類及旅客遷入與遷出時間等。一般而言，通常旅館僅保留訂房到下午六時，旅客若無法抵達旅館，必須事先通知旅館。有關旅館訂房的種類可分爲下列四種：

(一)一般訂房

旅館訂房組的工作時間由早上七時到晚上十一時，若爲辦公時間外有人訂房，則總機將電話轉由櫃檯人員代接訂房。

(二)保證訂房

此種訂房，顧客須預付第一天房租作爲保證，不論客人是否來，旅館應該保留此房間，不得出售。而旅館爲預防客人No Show的損失，常會接受超過可出租房間以上的訂房，而無法給保證訂房的旅客住房時，旅館有義務安排客人到其他同等級以上的飯店住宿。

(三)核對訂房

通常在旅客尚未住進旅館之前，訂房須經過三次的核對。第一次核對在旅客住進前一個月，詢問客人能否如期來住宿、房間種類、旅客人數及到達時間；第二次核對在旅客來飯店前一星期；第三次為旅客來店之前一天。對於團體旅客的訂房要特別的慎重，核對的工作有時在三次以上。

(四)Lexington電腦連線訂房系統

Lexington訂房系統是透過航空公司的訂位系統，提供全世界大約四十二萬六千家旅行社，以電腦連線作業，為旅客代訂世界各地的飯店，此系統稱為Global Distribution System（GDS）。若客人取消訂房，Lexington訂房系統不收取任何費用。

此外，在旅遊旺季時，客房常供不應求，旅行社為確保客房，同時向幾家旅館訂房，旅館可向旅行社要求先付預約金，以防No Show的損失，而旅行社也因付預約金而可確保訂房。若顧客違約而取消訂房時，旅館可沒收其金額或一部分訂金，沒收的訂金稱為違約金。

第二節　旅館房租的計算方式

旅館遷出的時間，一般而論，都市旅館以中午為準，而休閒旅館以下午兩點為多。旅客超過遷出時間離館時，旅館將收取超時費。有關旅館房租計算方式可分為下列四種：

一、依住宿時間計價

(一)全天租（Full Day Rate）

指一般個別旅客（F.I.T.）或未事先訂房的客人，以旅館價目表收費。

(二)半天租（Half Day Rate）

客人因延遲退房而必須加收房租，一般旅館之規定：若旅客超過遷出時間（Check Out Time），而尚留在客房內：

1.三個小時以內加收一日房租的1/3。
2.六個小時以內加收一日房租的1/2。
3.六個小時以上則加收一日房租。

二、依是否包含餐食計價

1.歐式計價方式（European Plan, EP）：即房租內沒有包括餐費在內的計價方式。
2.美國式計價方式（American Plan, AP）：即是房租內包括三餐在內的計價方式。
3.修正美國式計價方式（Modified American Plan, MAP）：即房租包括兩餐的計價方式，其中早餐固定，午餐及晚餐任選一種。
4.大陸式計價方式（Continental Plan, CP）：即房租內包括歐陸式早餐的計價方式，歐陸式早餐僅提供麵包、牛奶等。
5.百慕達計價方式（Bermudu Plan, BP）：指房租包括美式早餐的計價方式，美式早餐比歐陸早餐豐富，有麵包、蛋類、火腿、培根及飲料等。

三、依淡、旺季計價

1.淡季房租（Off Season Rate / Low Season Rate）。
2.旺季房租（In Season Rate / High Season Rate）。

淡季與旺季的區分因地而異，由各旅館自行訂之，渡假旅館常以此作爲調整營業收入之平衡。例如在淡季時，旅館以平時的房租價格之七折或八折促銷，以吸引客人。

四、其他方式

(一)契約租（Contract Rate）

◆商務契約租（Commercial Rate）

如外商公司、貿易公司與旅館簽訂契約可享有特別的折扣，至於折扣的多寡以簽約公司一年所使用的房間數而決定。

◆團體價（Group Rate）

旅館對旅行社有團體價，一般較爲便宜，爲旅館房價的六、七成左右，此價格已包含一成服務費的淨價（Net），如旅館單人房房租3,500元，團體價則爲2,300元左右。

(二)特別租（Special Rate）

特別租以客房升級（Up Grade）爲最常見。例如：房間客滿時，旅館無法給客人原預訂的房間，而以更好的房間提供客人，但只收原定價的房租；又如客人訂單人房而旅館以雙人房給客人住宿，但仍只收單人房的價格。

(三)房租免費招待（Free of Charge, FOC）

此即免收房租和10%的服務費。例如：在旅館餐飲部舉辦婚宴的新人，旅館提供蜜月套房的特別招待。

(四)旅館內人員住用（House Use）

旅館從業人員因公務住宿而不收費，例如試住（Try Stay）。

第三節　訂房組與櫃檯之聯繫

旅館之訂房單位與櫃檯的關係最爲密切，由於櫃檯之房間控制狀況每天都有所變化，因此訂房員應自動與櫃檯接待員核對房間的控制情況。訂房員每一星期應重作一次訂房控制表（Reservation Control）（**表5-2**），以確保訂房之正確性。如果遇有經常客滿時，訂房控制表則須經常整理及修正，於月底時應整理下個月的控制表。

表5-2　訂房控制表

Reservation Control

No.	Name	Type			Arrival Date	Dept. Date	Agent	Remarks
		T	S	Su				

註：T：雙人房　Arrival Date：抵達日期
　　S：單人房　Dept. Date：離開日期
　　Su：套房

櫃檯接待員若接待未訂房的旅客時，應主動向訂房員聯繫，尤其是對於套房之出租，不應該不通知訂房員而擅自出租給未經訂房之旅客。

櫃檯接待員於每天早晨應將前一天未住進旅館之旅客訂房卡（No Show List）整理成兩份名單，一份名單連同原訂房卡送回訂房員，另一份則留櫃檯備查。

由於電腦的普遍使用，有關旅客的訂房資料均輸入電腦，以方便訂房作業程序。

第四節　旅館的連鎖經營

一、連鎖旅館的經營方式

旅館連鎖經營是由美國所創立的，美國是全球最多且最大的連鎖旅館國家，其次為歐洲。旅館連鎖經營是以一個總公司在不同地區推展其相同的商標及風格。

連鎖旅館的經營方式主要分為：委託經營方式、掛名加盟連鎖方式及互惠聯盟方式等三種。

(一)委託經營方式（Management Contract）

委託經營方式係飯店委託第三者經營的型態，國內以希爾頓（現改名凱撒）及凱悅（現改名君悅）為代表。由於委託經營合約期限少則十年，多則長達二十五年，而國內業主對自己擁有的資產卻無權百分之百的掌控，是委託經營方式無法發展的主要因素。加以管理公司在簽訂合約之初，往往提對自身較有利的條件，業主也未充分瞭解內容，卻簽訂長達二十年的契約，造成業主與旅館經營者在日後成為一對怨偶。

近年來，愈來愈多的台灣旅館管理公司，將經營觸角伸向大陸，管理合約的訂定，成爲雙方執行業務的依據。茲將委託經營之收費內容，分述如下：

1.技術服務費（Technical Service Charge）：在旅館籌建期間，管理公司提供經營管理政策評估、市場調查及各營業場所空間規劃之建議而收取費用，通常由雙方議定一個固定的金額，由業主分期支付。
2.基本管理費（Management Fee）：雙方議定每月或每季收取基本管理費，一般收取營業收入的2%～4%之間的費用。
3.利潤分配金（Incentive Fee）：從營業毛利中抽取5%～10%的利潤獎金。

由於受委託經營者並不能向業主保證一定賺錢，即經營者不必對是否賺錢負擔責任，這也是許多投資者不願意簽訂這種合約的原因之一。相對地，經營者要有許多成功的案例，才能成爲受委託者，目前全世界最有名的除了凱悅、希爾頓等系統之外，其他如假日旅館（Holiday Inn）、喜來登等，採用管理合約與加盟連鎖雙重並行方式，由業主擇一而合作之。

(二)掛名加盟連鎖方式（Franchise）

飯店依加盟連鎖的方式，由總部提供加盟店技術上策略、經營、營運及從業人員教育訓練等，並給予當地地區連鎖名稱的權利代理，由連鎖系統公司收取權利金（Royalty Fee）。

(三)互惠聯盟方式（Referral）

由不同理念且各自獨立經營的旅館，基於能購得較低價格商品及分擔較低成本的理念下，自願以聯合採購及共同廣告，聯名接受訂房方式而合作的連鎖組織。此一結盟方式，在採購物品方面較易取得合作空間，而訂房方面因各旅館房價無法取得共識，一般僅以共同刊載廣告分擔費用爲之。

二、加入連鎖旅館的優點與缺點

(一)優點

1.利用知名度高的商標，吸引衆多的旅客，以提高旅館住房率。

2.統一採購與宣傳作業，不但降低成本且宣傳效力較大，健全管理制度。

3.提供旅館經營策略及良好的員工訓練。

4.成立電腦訂房連結網路，開發共同市場並加強宣傳以達到廣告效果。

(二)缺點

1.委託經營者須繳納給管理公司相當高的費用，財務負擔頗重。

2.委託經營方式，旅館財務與人事受到連鎖公司的干涉，而造成公司的困擾，且爲達到連鎖公司的水準，旅館須維護更新，增加了不少的花費與負擔。

三、我國旅館連鎖的方式

(一)建築新旅館，以加強旅館連鎖的規模

例如台北國賓大飯店，在高雄興建高雄國賓大飯店及在新竹興建新竹國賓大飯店，促進北、中、南業務的交流。台北老爺大酒店與日人投資，加入日本航空連鎖飯店。

(二)收購現成的旅館列入聯營

如台北富都大飯店收購前中央酒店，列入其香港富都連鎖經營之方式。惟台北富都大飯店已於民國96年結束營業，在歷史上劃上休止符。

(三)以租用的方式參加聯營

如墾丁凱撒大飯店租用土地，由日本人興建旅館，而加入隸屬於日本航空公司的旅館系統。

(四)委託經營方式

如台北希爾頓、凱悅、晶華等飯店。而希爾頓飯店已更名爲台北凱撒大飯店，凱悅大飯店也更名君悅大飯店。

(五)特許加盟

如高雄華園大飯店及桃園大飯店加入假日大飯店。

(六)共同訂房與聯合推廣

如高雄國賓大飯店與日本東急及日本航空的連鎖訂房。喜來登大飯店與美國雪萊頓、福華大飯店與日本京王大飯店的共同訂房與推廣。

總之，旅館連鎖的目的乃是業者聯合力量，建立共同的市場，以確保共同的利益。我國也藉此機會，引進先進國家新的經營管理技術及理念，以助益於旅館之經營。

第五節　旅館與旅行社之關係

旅行社包括綜合旅行社、甲種旅行社及乙種旅行社三種。旅行社的主要業務包括代售機票、船票，代客預訂房間，安排旅行行程、領隊、導遊，及承辦其他有關的旅行業務。俗語說：「觀光事業是無煙囪的工業」，每年為我國賺取龐大的外匯，在發展觀光熱潮中，旅行社的從業人員更應努力開拓旅行市場，增加新的產品與服務，促進觀光事業的蓬勃發展。

旅行社之收入來源大致依賴交通機構、自辦旅行團及旅館。由此可知，旅行社與航空公司、旅館的關係非常密切。旅行社與旅館之關係如下：

1.旅行社代旅客預訂的房間，旅館通常支付10%的佣金給旅行社。
2.旅館希望旅行社能積極的開發新市場，以提高旅館住房率。
3.在餐飲宴會方面希望旅行社加強推銷，以增加旅館的餐飲收入。
4.旅館希望旅行社能推銷平均價格以上的房間，不要只推銷低廉的房間。
5.旅館與旅行社之間應該拋棄偏見，改善並加強彼此間的合作關係。

觀光事業是一種綜合企業，觀光業的發展有賴於旅館、旅行社及航空公司在各方面配合推動，以達到相輔相成，發揮整體力量。旅行社更應以業務專業提高素質，避免惡性競爭，開發新市場並提高服務水準及商業道德。而旅館及航空公司更應共同支持旅行社完成其業務。

表5-3為佣金計算明細表，**表5-4**為佣金給付明細單，讀者可參考之。

表5-3　佣金計算明細表

佣金計算明細表

旅行社（客戶）名稱：
導遊或經辦人：　　　團號：

住用日期			旅客姓名	房號	租金合計	佣金金額		備註
C/I	C/O	夜				台幣	美金	

核准	經理	櫃檯主任	接待員	收銀員

第一聯櫃檯接待員

應付給旅行社10%的佣金，由訂房員逐日計算，每月月底統計後，通知財務部。
第一聯櫃檯接待員，第二聯訂房組。
註：C/I：旅客遷入　C/O：旅客遷出

表5-4　佣金給付明細單

佣金給付明細單

客戶名稱：　　團號：　　導遊／領隊：

旅客姓名	住用日期		夜次	房租	佣金	備註
	C/I	C/O				

經理：　　副理：　　櫃檯主任：　　訂房組：

第一聯財務部

每月月底由訂房組統計送交財務部，由財務部通知客户領取或匯出。
第一聯財務部，第二聯訂房組，第三聯通知客户。

專欄　國際觀光旅館之營運狀況

國際觀光旅館的客房住用率、平均實收房價、住宿旅客國籍及住宿旅客類別，分析如下：

一、客房住用率

客房出租為旅館主要業務之一，故客房住用率為反映營運狀況的重要指標，2013年平均住用率為71.00%，比2012年之70.96%，增加0.04%。住用率旺季集中於11月，淡季則為1月及12月。

國際觀光旅館住用率前十名為：

1.神旺大飯店：92.92%。
2.台北凱撒大飯店：90.26%。
3.老爺大酒店：89.81%。
4.高雄福華大飯店：89.16%。
5.墾丁凱撒大飯店：88.12%。
6.桃園大飯店：87.20%。
7.台北諾富特華航機場飯店：86.57%。
8.美麗信花園酒店：85.40%。
9.亞都麗緻大飯店：85.13%。
10.台北華國大飯店：84.50%。

國際觀光旅館住用率比較表，如**表5-5**、**表5-6**。

表5-5　國際觀光旅館住用率比較表（依地區別區分）

單位：%

地區	台北地區	高雄地區	台中地區	花蓮地區	風景區	桃竹苗地區	其他地區	合計
2013年住用率	75.90	67.21	73.88	59.98	68.16	75.29	64.31	71.00
2012年住用率	77.72	68.87	75.70	63.82	65.87	69.03	60.12	70.96
增減率	-1.82	-1.66	-1.82	-3.84	2.29	6.26	4.19	0.04

資料來源：交通部觀光局。

表5-6　2008年至2013年國際觀光旅館住用率比較表（依月份別區分）

單位：%

年度＼月份	1月	2月	3月	4月	5月	6月	7月	8月	9月	10月	11月	12月
2008年	63.12	63.47	67.22	64.74	63.48	67.06	69.18	65.69	63.23	72.03	71.47	64.29
2009年	53.83	59.74	67.44	71.45	64.47	58.26	64.25	64.40	62.56	63.57	75.15	71.07
2010年	59.43	63.85	73.75	74.54	71.94	69.51	70.68	69.21	63.94	73.68	77.53	75.42
2011年	61.40	69.37	67.45	72.61	64.63	68.09	70.44	68.14	67.03	74.88	79.33	76.52
2012年	58.92	67.86	74.78	75.55	69.79	71.10	70.37	68.38	67.13	73.53	78.57	75.75
2013年	59.98	65.79	75.37	73.04	66.48	70.10	68.82	72.56	68.67	76.04	79.55	75.63

資料來源：觀光旅館營運月報表。

二、平均實收房價

國際觀光旅館的房租收入為營業收入來源之一。因此，觀察每單位客房之平均收入，有助於瞭解旅館的營運狀況。2013年國際觀光旅館的平均房價為3,796元，與2012年3,577元相比較，平均房價增加219元。國際觀旅館平均房價比較如**表5-7**、**表5-8**，讀者可參閱之。

表5-7　2013年國際觀光旅館平均房價比較表（以地區別區分）

單位：新台幣（元）

地區	台北地區	高雄地區	台中地區	花蓮地區	風景區	桃竹苗地區	其他地區	合計
2013年平均房價	4,711	2,479	2,393	2,511	4,999	2,534	3,574	3,796
2012年平均房價	4,347	2,402	2,264	2,386	4,836	2,327	3,479	3,577
增減數	364	77	129	125	163	207	95	219
增減率	8.37%	3.21%	5.70%	5.24%	3.37%	8.90%	2.73%	6.12%

資料來源：交通部觀光局。

表5-8　2008年至2013年國際觀光旅館平均房價比較表（以月份別區分）

單位：新台幣（元）

年度＼月份	1月	2月	3月	4月	5月	6月	7月	8月	9月	10月	11月	12月
2008年	3,304	3,446	3,470	3,483	3,374	3,653	3,465	3,399	3,344	3,354	3,274	3,104
2009年	3,604	3,121	3,111	2,985	3,083	3,355	3,304	3,159	3,273	3,275	3,091	3,003
2010年	3,201	3,443	3,180	3,093	3,141	3,239	3,258	3,287	3,164	3,221	3,219	3,132
2011年	3,345	3,557	3,334	3,289	3,323	3,394	3,482	3,449	3,401	3,379	3,371	3,302
2012年	3,993	3,520	3,489	3,457	3,436	3,735	3,682	3,684	3,598	3,657	3,627	3,719
2013年	3,631	4,180	4,007	3,658	3,694	3,930	3,787	3,836	3,671	3,809	3,805	3,825

資料來源：觀光旅館營運統計月報表。

三、住宿旅客國籍

2013年七十家國際觀光旅館共有住客9,096,042人次，其國籍分布依序為本國旅客3,837,127人次，占住宿旅客總數之42.18%；日本旅客1,471,712人次，占16.18%；亞洲旅客1,045,070人次，占11.49%；北美旅客508,737人次，占5.59%；華僑旅客132,623人次，占1.50%；歐洲旅客287,738人次，占3.16%；其他國籍旅客182,154人次，占2.00%；而澳洲旅客57,639人次，占0.63%。

各國際觀光旅館常因設備及經營方式之不同而吸引不同國籍之旅客，根據年報資料分析，可歸類如下：

1.以本國旅客為主之旅館：福容大飯店（淡水漁人碼頭）、陽明山中國麗緻大飯店、曾文山芙蓉渡假大酒店、台糖長榮酒店（台南）、義大皇家酒店、礁溪老爺大酒店、蘭城晶英酒店、長榮鳳凰酒店（礁溪）、涵碧樓大飯店、雲品溫泉酒店日月潭、日月行館、凱撒大飯店、墾丁福華渡假飯店、知本老爺大酒店、太魯閣晶英酒店及遠雄悅來大飯店。

2.以日本旅客為主之旅館：老爺大酒店。

3.以大陸旅客為主之旅館：花蓮亞士都飯店。

4.以本國及大陸旅客為主之旅館：華園大飯店、君鴻國際酒店、高雄圓山大飯店、桃園大飯店、娜路彎大酒店、美侖大飯店及耐斯王子大飯店。

5.以本國及其他國籍旅客為主之旅館：台中金典酒店及南方莊園。

6.以大陸及日本旅客為主之旅館：國賓大飯店、華泰王子大飯店、國王大飯店及三德大飯店。

7.以大陸、亞洲旅客為主之旅館：尊爵天際大飯店。

8.以本國、大陸及日本旅客為主之旅館：圓山大飯店、亞都麗緻大飯店、國聯大飯店、全國大飯店、通豪大飯店、長榮桂冠酒店（台中）、台南大飯店、高雄國賓大飯店、漢來大飯店、高雄福華大飯店、寒軒國際大飯店、麗尊大酒店、統帥大飯店及花蓮翰品酒店。

9.以本國、大陸及北美旅客為主之旅館：香格里拉台南遠東國際大飯店。

10.以本國、北美及亞洲旅客為主之旅館：台北諾富特華航桃園機場飯店、新竹喜來大飯店及新竹國賓大飯店。

11.以本國、日本及亞洲旅客為主之旅館：台北凱撒大飯店、福華大飯店、晶華酒店、美麗信花園酒店及大億麗緻酒店。

12.以大陸、華僑及日本旅客為主之旅館：豪景大酒店及康華大飯店。

13.以大陸、日本及歐洲旅客為主之旅館：台北華國大飯店。

14.以大陸、北美及亞洲旅客為主之旅館：台北君悅酒店及遠東國際大飯店。

15.以本國、北美、日本及亞洲旅客為主之旅館：台北威斯汀六福皇宮及新竹老爺大酒店。

16.以本國、大陸、日本及亞洲旅客為主之旅館：兄弟大飯店、神旺大飯店、台北寒舍喜來登大飯店、西華大飯店、台中福華大飯店及華王大飯店。

17.以本國、大陸、北美及亞洲旅客為主之旅館：台北寒舍艾美酒店及台北W飯店。

四、住宿旅客類別

2013年國際觀光旅館共有團體及個別旅客共計9,096,042人次，其中團體旅客占44.66%，個別旅客占55.34%。

花蓮及桃竹苗地區以住宿團體旅客為主，而個別旅客住宿國際觀光旅館以台北地區為主。

自我評量

1.旅館訂房的方式可分為哪幾種？

2.旅館訂房的來源是什麼？

3.訂房資料卡應記載哪些事項？

4.旅館訂房的種類可分為哪四種？

5.旅館房租計算的方式可分為哪幾種？請簡述。

6.訂房組與櫃檯有何關聯？

7.我國旅館連鎖的方式有哪幾種？

8.旅館與旅行社有何密切關係？

第六章 櫃檯實務

- 櫃檯之重要性
- 櫃檯的設置型態與一般設備
- 櫃檯從業人員須知與工作職掌
- 行李間的工作職掌
- 旅客遷入與遷出作業
- 專欄——上海金茂君悅大酒店

第一節　櫃檯之重要性

觀光旅館的門廳（Lobby）乃是接近櫃檯的地方，專供訪客會晤休息之處，此爲旅館之社交中心，客人可自由出入，通常大廳內會擺放花卉，甚至有小庭園加上噴水池，以增添旅館的豪華氣派。

「櫃檯」英文稱爲Front Desk或Front Office，是營業部門的中樞，是旅館直接與旅客接洽及資訊交易的場所，也是給客人第一印象的地方，因此，對於櫃檯的配置、動線、設計裝修、材質、各種指示牌、照明都必須細心的處理。

到旅館來的訪客，從玄關入口處，就一目瞭然看到櫃檯，此爲設置櫃檯的基本要求。

櫃檯是住客登記及其他郵訊、留言、兌幣、出納、保險箱等業務處理之場所。依照上項的作業程序，配置必要的人員與機器，才能決定櫃檯的設計。

櫃檯的另一種業務是會計，當客人尙未離開飯店時，大部分住客的房租、電話、餐飲、洗衣等費用，通常都用簽字掛帳的，所以在辦理離開手續時，會計出納要愼重處理客人的帳目。

第二節　櫃檯的設置型態與一般設備

一、櫃檯的設置型態

櫃檯的設置型態，乃是依每家旅館的規模、業務、傳統、場地及政策，而有不同的型態，茲分述如下：

(一)歐洲的旅館

歐洲的旅館櫃檯普通分爲兩個部門，即接待處與出納，接待處專門負責管理銷售客房業務。櫃檯前面設有一個服務處，由服務主任爲主管，負責指揮行李領班、行李員及管理鑰匙、信件、詢問及導遊等業務。

(二)美國及日本的旅館

美國及日本的旅館櫃檯一般分爲三個部門，第一個部門爲出納部，由帳務員負責製作顧客的帳單，出納員負責收款；第二個部門負責辦理訂房、分配、出售房間及製作顧客資料卡、房間控制卡；第三部門爲保管鑰匙、信件及館內詢問。

(三)大型的旅館

大型的旅館櫃檯可分爲四個部門，即詢問、出納、鑰匙及信件、信用調查等四大部門。

(四)中型的旅館

中型的旅館櫃檯分爲兩個部門，一爲出納；另一爲房間鑰匙保管、信件及詢問。

(五)小型的旅館

小型的旅館櫃檯則將以上兩部門合爲一個部門。

另外，特大型的旅館，則除了大型的旅館設置外，在各樓分設服務台（Service Station），由服務員負責保管該樓的鑰匙、信件及詢問等工作，以便利該層樓的旅客及減少大廳櫃檯的工作。

二、櫃檯的一般設備

旅館櫃檯的設備如下：

(一)客房指示器（Room Indicator Rack）

1.可以用各種不同的顏色卡片，來表示各種不同的房間狀況。
2.與房務人員保持客房的現在狀況，如打掃中、空間或客人離去而尚未打掃。

(二)名條索引旋轉架（Information Rack）

依英文字母順序將客人名條放在架內，以方便查詢。

(三)客房鑰匙架（Key Boxes）

1.依樓層、號碼順序存放客房鑰匙。
2.存放各種留言條以告訴客人。

(四)郵件架（Mail Boxes）

依英文字母的順序存放尚未到達旅客的郵件。

(五)檔案櫃（Filing Cabinets）

存放必要之檔案，以供隨時可以查閱。

(六)客房鑰匙投遞箱（Key Depository）

提供給旅客離去時可以投入鑰匙之用，方便且安全。

(七)登帳機（Cash Register）

登記住客之各項消費帳目，方便於隨時可以結帳。

(八)帳單架（Bill Racks）

存放各種發票或其他帳目資料。

(九)收銀專用櫃（Cashier Cabinet）

用於存放各種收銀資料或檔案。

(十)簡介架（Brochure Racks）

放置旅館各種簡介及宣傳品。

(十一)保險箱（Safe Deposit Boxes）

用以提供住宿旅客存放貴重物品，以保障客人的財物安全。部分高級旅館則置於客房之中。

(十二)其他

包括信用卡印刷機、訂書機、計算機、電話等。

旅館櫃檯電腦化之後，上述之各項設備，逐漸省略不用，房間的鑰匙架採用Key Card以後，可能就沒有Key Box或Key Depository的必要；客房指示器、登帳機、名條索引轉架也被電腦所替代，但是有許多旅館維持原有的旅館風格，因此，仍將這些在電腦化之前經常使用的櫃檯設備，在此簡要說明，方便讀者瞭解。

第三節　櫃檯從業人員須知與工作職掌

櫃檯從業人員站在旅館的最前線，擔任代表性的服務工作，因此隨時要提高警覺，熱忱地為顧客服務。茲將櫃檯從業人員須知與工作職掌分述如下：

一、櫃檯從業人員須知

1.櫃檯人員需具有專業的知識，與客人交談應該面帶微笑、語氣溫和。

2.服裝儀容需保持整潔並注意應對禮儀，客人來到櫃檯前，應該立即服務，不要讓客人久候。

3.同事間交談的音量要適中不可過高。不要有嬉笑怒罵或者不雅的行為，須時時刻刻維持良好的個人及公司形象。

4.不得先行下班，需等銜接班次同仁到達，交接無誤才可下班。

5.上班時間不帶朋友來訪，以免影響自己的工作情緒。

6.私人電話要長話短說，才不會影響工作而怠慢客人。

7.保持櫃檯檯面及櫃檯內部的清潔，並且嚴禁在櫃檯內飲食。

8.櫃檯內是旅館重要之地區，除了主管、當班櫃檯人員及接班櫃檯員以外，其他人員禁止進入。

9.櫃檯人員應培養良好的工作默契，互相支援；如與客人發生爭執，同班的同事應協助化解，必要時可請求主管出面協調。

10.對於客人的抱怨而無法解決時，必須立刻通知值班的主管馬上處理，切勿怠慢不管。

11.櫃檯人員應盡最大的努力熟記每一位客人姓名，當客人再度光臨時，能親切地冠姓招呼，客人將會非常的高興。

12.客人經由電話內線要求客房服務時，應該立即通知相關單位處理之。

13.櫃檯人員應隨時注意客人進出狀況，以防止意外發生或客人未結帳即離開旅館。

14.對於新進人員應親切指導，切勿口出惡言。

15.櫃檯人員必須觀察住客是否有異樣，如飲酒過量、單身女子神情異常，若有此情形可婉拒之。

16.若遇突發緊急之事件，應立即通知主管處理。

17.櫃檯人員應該具忍耐力、自制力、謙虛與誠實的特性。

18.接聽電話須保持悅耳的聲調，不可隨便掛對方的電話。

19.同事間要和睦相處，以增加工作績效。

20.嚴守時間、工作勤快，對自己所擔任的職務盡責。

二、櫃檯從業人員工作職掌

(一)櫃檯經理（Front Office Manager）

負責管理櫃檯、服務中心、總機等單位。其工作職掌如下：

1.瞭解部門內各單位工作職掌及作業標準程序。

2.監督控制所有營收及費用，以及有效地控制成本及人力支出費。

3.向部屬闡明旅館的政策和營業方針。

4.執行培訓幹部及面試新進員工，並加以職前訓練。

5.建立與顧客維持良好關係，確保幹部及各員工能提供最好的服務。

6.制定部門薪資標準及安排部門各種活動。

7.主持固定幹部會議，檢討缺失。

8.瞭解公司之員工安全規章，即時處理員工的意外事件。
9.掌控各部門與櫃檯之聯繫方法。
10.執行公司之徵信制度，以減少壞帳的損失。

(二)櫃檯主任（Front Office Supervisor）

負責主管櫃檯接待，訓練與輔導接待人員，完成每天工作之項目。其工作職掌如下：

1.訂定櫃檯接待及出納標準作業程序，並指導內部所屬人員作業之方法。
2.與其他部門單位保持良好之關係。
3.對於顧客之抱怨能迅速有效地解決，並向上級主管報告，提出改進的方法。
4.隨時督導部屬須用熱忱的態度服務客人。
5.檢視當日到達旅客及團體資料，並通知各相關單位。
6.處理相關的行政作業並管理員工請假、調班等事務。
7.主持每日的個案檢討，並參與每月所舉行的櫃檯會議。
8.督導部屬的服裝儀容是否整潔。
9.詳細轉達上級的命令，並指導部屬執行。
10.櫃檯從業人員工作之考核，並訓練新進員工。

(三)櫃檯副主任（Assistant Front Office Supervisor）

櫃檯副主任是主任公休、告假時的職務代理人。

(四)櫃檯組長（Chief Room Clerk）

輔導櫃檯接待之工作內容，其工作職掌如下：

1.分配部屬工作、督導及協調部門內之事務。

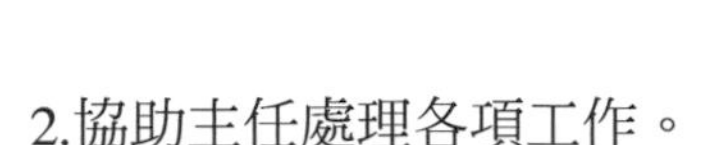

2.協助主任處理各項工作。

3.接待貴賓及處理客人之要求及抱怨事宜。

4.率領各櫃檯人員，並參與接待服務事項。

5.隨時向主管報告當班情況，並督導櫃檯人員塡寫工作日記。

6.督導員工服裝儀容及接待服務態度。

7.傳達上級之指示及應注意的事項。

8.參加每月櫃檯會議。

9.隨時審核櫃檯內零用金之金額。

10.完成主管所指派其他有關的事宜。

(五)櫃檯接待員（Room Clerk或Receptionist）

櫃檯接待員上班爲輪班制，茲將早、晚班之工作職掌說明如下：

◆日間櫃檯員

1.與上一班組員交接須詳讀交接簿後簽名。

2.處理旅客登記工作，並處理當天訂房。

3.對於客人消費之入帳、團帳、外帳、兌換外幣及信用卡等作業之處理。

4.隨時保持良好的姿勢與服務禮儀。

5.保管客人之物品、郵件、留言等，並負責轉交給客人。

6.瞭解緊急狀況及意外事件的處理方法。

7.隨時提供客人有關當日館內的活動狀況。

8.留意不尋常之事件或客人的特殊要求，並告知主管。

9.整理顧客檔案及保持櫃檯的整潔。

10.執行上級交待的事項，並完成臨時交待事宜。

◆**夜間接待員（Night Clerk）**

夜間接待員晚上十一時上班到第二天早上八時下班，其工作職掌如下：

1.協助客人辦理住宿登記及安排房間。
2.負責製作客房出售統計資料，繼續完成日間櫃檯接待員的作業。
3.控管客房鑰匙，並與各部門保持密切的聯繫。
4.需熟記旅館內的客房種類、房價及各種設施的服務內容與營業時間。
5.瞭解當日旅館內的各單位之活動項目，例如各項會議、宴會之舉辦地點。
6.處理顧客之換房作業。
7.接受當日客房的預約或取消。
8.處理顧客的抱怨並展示最佳的服務熱忱。

(六)總機（Operator）

工作職掌爲負責國內、外長途電話轉接，及音響器材操作保管。

第四節　行李間的工作職掌

旅館之接待引導及行李搬運皆屬於行李間的職務，這些在旅館門口所服務的工作稱爲「嚮導及行李的搬運服務」，英文Uniform Service。親切的招呼及和顏悅色的態度，將使旅客留下良好的印象，由此可知服務的重要性。

行李間是隸屬於櫃檯主任管轄的，其組織成員包括服務中心主任、服務中心領班、行李員、門衛、電梯服務員及機場接待員等。茲

將其工作職掌說明如下：

一、服務中心主任（Front Service Supervisor或Concierge）

1.接受櫃檯主任之命令，監督及指導部屬的工作。
2.訂製部屬的勤務日報表。
3.在交換班時，檢視部屬的服務，並指導應注意的事項。
4.巡視門口、大廳，注意對旅客的服務是否周到。
5.管理及領用工作上所必需的物品。

二、服務中心領班（Bell Captain）

1.協助主任辦理工作。
2.與服務中心主任商議，對部屬的服務態度要求能達到完美的境界。
3.記載「工作日記」，並分配工作給行李員。
4.負責保管旅客的行李。

三、行李員（Bellman）

美國將Bellman、Porter、Page統稱爲Bellman。其工作職掌如下：

1.搬運客人的行李，並引導客人到客房。
2.保持旅館會客廳及大廳的清潔。
3.接受領班的指揮，完成所交待的任務。
4.遞送寄交物件、郵電、報紙、留言等物。
5.保管客人行李。
6.代客購買車票及代訂機票。
7.辦理顧客所交待的事項。

四、門衛（Doorman）

1.負責代客泊車、叫車及搬運行李。
2.維持旅館大門前的秩序。
3.解答顧客有關觀光路線之疑難。

五、電梯服務員（Elevator Operator）

電梯服務員工作上應注意的事項如下：

1.除了交替時間外，儘量不要走出電梯，接班者應先進電梯內，方可離開。
2.注意乘客不超過限載的人數，若超過人數，則請客人搭下一班。
3.除非是客滿，否則不得跳過在等候的樓層。
4.不可催促客人上下電梯。
5.若電梯啓動不正常，應立即報告上司。
6.有禮貌地詢問客人要到的樓層。

六、機場接待（Freight Greeter）

負責代表旅館歡迎旅客的到來與出境的服務。

第五節　旅客遷入與遷出作業

來台的旅客有70%是由桃園國際機場入境，旅館的機場代表在組織上隸屬於櫃檯接待組，在班機到達以前，應該查明旅館的訂房單，以確定是否有接送的客人。機場代表接到旅客後，應以良好的態度引

導客人到旅館專送車輛，並將行李搬上車，使客人感覺到機場代表親切的服務，另一方面可預防旅客被其他飯店接送到他處，而使旅館蒙受損失。

一、旅客的遷入作業（Check In）

當旅客抵達旅館辦理遷入時，旅館櫃檯工作人員如櫃檯接待員、訂房員、出納員、行李員，應該熱忱地爲客人服務，其業務範圍包括如下：

(一)登記

◆個人旅客（Foreigner Individual Tourist, F.I.T.）

1. 櫃檯接待員應詢問客人是否已訂房，並且立即查看當日訂房單，請客人填寫旅客登記卡，填完卡後，查看客人的護照是否與所填的資料相符（**表6-1**）。
2. 客人完成登記手續後，才可以給房間的鑰匙，櫃檯人員須提醒客人將貴重的物品寄放於保險箱內。
3. 詢問客人結帳的方式，是付現金或信用卡，如用信用卡，可在遷入時先將其卡片刷好，當客人辦理遷出時簽字即可。
4. 登記手續辦妥後，由行李員提行李，引導客人到房間。

◆團體遷入（表6-2）

櫃檯接待員依照訂房組的資料，安排旅客的房間，然後將房間的鑰匙準備妥當，由導遊分發給旅客，並且請導遊出示正確的團體名單，資料整理完後，分發到各相關的部門。

製作旅客的叫醒時間（Morning Call）、用餐種類及時間、旅客遷出時間、下行李時間的資料，並且分發到各有關的單位。

表6-1 旅客登記卡

旅客登記卡

GUEST REGISTRATION CARD

GUEST SIGNATURE ______________

RESERVATION NUMBER			ARRIVAL DATE		DEPARTURE DATE	
DATE	ROOM NO.	RATE	FLIGHT NO.		ARRIVAL TIME	
			COUNTRY		DEPOSIT	
			NO. OF ROOM		NO. OF GUEST	
			AFFILIATION			

姓名

FULL NAME ______________________ / ______________________

LAST FIRST MIDDLE CHINESE CHARACTER（中文）

護照號碼 國籍 性別

PASSPORT NO.__________ NATIONALITY __________ SEX __________

簽證種類

KIND OF VISA □ENTRY □TRANSIT □TOURIST □OFFICIAL

PURPOSE OF STAY □BUSINESS □OFFICIAL □PLEASURE □OTHERS

出生年月日

DATE OF BIRTH ______________________________

YEAR MONTH DATE

DATE OF ARRIVAL IN TAIWAN __________________ FROM WHERE __________________

住址

HOME ADDRESS ______________________________

職業及公司名稱

PROFESSION & COMPANY ______________________________

ACCOUNT WILL BE SETTLED BY CREDIT CARD ______________________________

TYPE NUMBER

CASH ____________ VOUCHER ______________

RECEPTIONIST______________

表6-2　團體房客確認單

團體房客確認單
GROUP FOLIO

MASTER NO. ________________ GROUP NAME ________________
IN DATE ______ OUT DATE __________ NATIONALITY __________

ROOM TYPE: SINGLE _____ TWIN ______TRIPLE ______ SUITE ______
ROOM RATE____________ ______ ________ ______________

TOTAL AMOUNT ________ COMPLIMENTARY______ TAX __________

TYPE						ROOM NUMBER				

RECEPTIONIST ________________ TOUR GUIDE ________________
DATE ________________

(二)製作報表

櫃檯人員須製作旅客帳卡，內容包括旅客姓名、人數、房號、房價、遷入與遷出日期、是否有折扣及付款人等，將帳卡製妥連同登記卡繳交收銀員。此外，也必須塡寫旅客名單（Name Slip），內塡寫客人的姓名、人數、房號、房租、遷入與遷出日期，此名單作爲旅館內部聯繫的依據。每晚十時送兩種表格到治安機關，一爲本國旅客登記卡，另一種爲外籍旅客表，此兩種表格由治安機關規定，有一定的格式。

旅館對於沒有攜帶行李的客人必須先收當天的房租，並且通知各部門以防止漏帳、逃帳。在國外，對於未訂房（Walk-in）的旅客，住進旅館時須預付二天的保證金，或是要求預付一天至幾天份的房租，收款時先開給旅客臨時收據，並在帳卡上註明已收保證金的金額。

二、旅客遷出的作業（Check Out）

當旅客到櫃檯辦理遷出手續時，櫃檯人員應該詳細地結算旅客的住宿費、餐飲費、電話費、洗衣費及冰箱飲料費，由旅客支付款項。櫃檯的作業方式如下：

(一)櫃檯出納員作業程序

◆核對房價

出納員接到旅客登記卡、訂房單、住客帳單，應該立即核對房價及房價折扣的價錢，然後在登記卡上簽名，並且將資料分別放入帳單的檔案中。

◆按傳票輸入房客帳單

出納員收到各部門送來的房客簽單傳票，根據其金額輸入房客的帳單上，以方便房客明瞭所須付款的總金額。

◆完成遷出手續

旅客到櫃檯辦理遷出手續，櫃檯人員務必將旅客的一切消費結算清楚。

(二)結帳作業

◆散客結帳作業

房客於付款後如果仍需使用鑰匙，應於行李條上註明，並且通知服務中心。若旅客有預付訂金時，由消費總金額中扣抵，並且向旅客取回預付訂金收據。

◆貴賓結帳作業

貴賓（VIP）結帳作業與散客相同，但應通知部門主管出來打招呼送行，表示對客人的尊重。

◆團體結帳

1. 旅行社的領隊應該事先告訴出納員離開旅館的時間，使出納員有充分的時間提出帳單結帳。
2. 團體付款的方式分爲兩種，一爲領隊當場付現款，另外則是旅館與旅行社簽訂月結方式收款。
3. 出納員應注意團員私帳的收取，不可遺漏，如旅客的電話費、冰箱飲料費等。
4. 行李員於出發前二十分鐘將旅客之所有行李集中於樓下的大廳，行李須由旅客確認無誤，才可搬到車上。
5. 團員務必將房間鑰匙交還櫃檯，方可離開旅館（若爲可改變密碼設定的電子卡片鑰匙，則可不必交還）。

(三)旅客遷出後各部門的作業

1. 櫃檯人員於旅客結帳後，將已遷出的訂房卡送回訂房員整理。
2. 旅客遷出後，有佣金的訂房卡與帳單上註明有佣金者，須核對正確後，塡寫佣金清單，一式三聯，送交財務部，按月結清一次。

3.夜間櫃檯員須負責房租收入的核算，並整理房間出租的統計資料。

除了房租外，並在日報表上統計旅客人數及各種有關的比例，以作為日後的參考（**表6-3**），茲分析如下：

1.統計客房租金收入：依當天的住用資料，填入實售租金，再加上加床收入與逾時收入，則為當天的實售租金收入，此項收入應與夜間審核員（Night Auditor）的收入完全相符。

2.統計住客人數。

3.統計客房住用率（Room Occupancy Rate）：當天客房住用率＝當天客房住用總房數÷旅館總客房數。如客房數500間，實際住用數為400間，其住用率為400／500＝80%。

4.統計團體住用房間與人數，根據當天的資料則可算出總數。

5.統計優待、折扣的房間數，並填上折扣百分比率及優待的原因。

6.統計明日預定遷出的客房數。

表6-3　房租收入日報表

房租收入日報表

客房總數：600間
未售 ________ 間，________ %　本日收入 ________ 間，________ %
個人折扣 ________ 間，NT$ ________ ，________ %
逾時加收 NT$ ________
加床 NT$ ________
團體 ________ 間，NT$ ________ ，________ %
本日客房總收入 NT$ ________
本月至本日累計 NT$ ________

總經理	副總經理	經理	副理	主任	收銀員	接待員

專欄　上海金茂君悅大酒店

上海金茂大樓是目前中國最高的摩天大樓，外觀是逐步變細的高樓。它的設計概念是取自中國古代的寶塔，1999年金茂君悅大酒店（Grand Hyatt Shanghai）開幕後，成為全球知名的商業大樓，樓高八十八層。

金茂大廈為上海新地標，是由知名的美國Bilkey Llinas設計顧問公司所設計的，而金茂君悅大酒店則是採用中國傳統的藝術風格和綜合新世紀的藝術裝飾模式設計而成的。飯店大廈內部設計注重不同區域的特性，大廳是雙層高的空間，採用全透明的落地玻璃窗，並有六部高速玻璃式半透明客房專用電梯，提供住客使用。所有客房內均有一至兩面的大型落地窗，尤其是面對黃浦江的房間，入夜後可欣賞燈火通明的夜景。

君悅大酒店委託美國Hyatt Corporation負責經營，房間數共有555間，住宿費用由美金320～5,000元不等，一共有十二個餐廳與酒吧、商務中心、健身房、游泳池、SPA中心、嘉賓軒、兩間無柱宴會廳及十間會議廳等。

多元化的餐廳全天候供應自助餐，亞歐風味的餐廳位於第五十六樓，包括義大利餐廳、日本料理、燒烤餐廳及一個具有三十三層高的中庭酒吧「天庭」。

位於金茂大廈三樓的浦勁娛樂中心，耗資五百萬美元，是由東京知名的設計公司——Super Potato所設計的。由四個不同區域組成，有兩個現場表演樂隊，是晚間九點表演的夜間娛樂中心。

九重天酒廊位於金茂君悅大酒店八十七層整個樓面，在八十八層觀光廳之下，它被美國《新聞周刊》評選為「亞洲最佳休閒去處」之一。

資料來源：牟秀茵等（2002）。《亞洲精選旅館》。台北：城邦文化。

自我評量

1.櫃檯有什麼重要性？

2.櫃檯有哪些不同的設置型態？

3.旅館櫃檯的設備一般有哪些？請簡述之。

4.櫃檯從業人員須知包含哪些項目？

5.櫃檯經理的工作職掌是什麼？

6.櫃檯接待員的工作職掌有哪些？

7.服務中心主任及領班的工作職掌包含哪些？

8.簡述旅客遷入與遷出的作業。

第三篇 房務管理

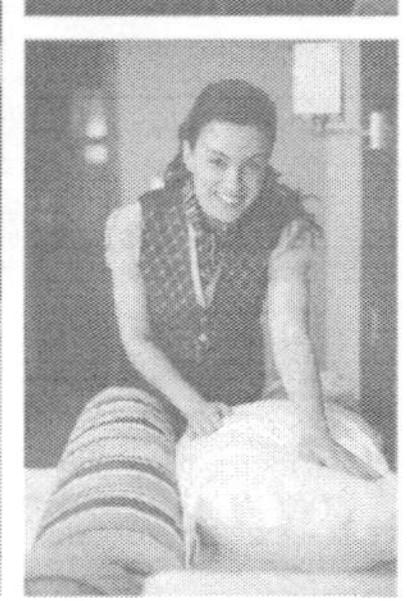

第七章 房務作業管理

- 房務部的重要性與任務
- 房務部之組織與工作職掌
- 房務部與其他部門之關係
- 房務人員的服務態度與應注意事項
- 房務管理實務
- 專欄——什麼是**RCI**？

第一節　房務部的重要性與任務

客房是旅館最重要的商品，能帶給旅客高品質的房間與服務，將使旅館有良好的聲譽與企業形象，因此，房務人員的表現對旅館具有決定性的影響。何謂房務（Housekeeping）呢？房務即是確保房間能乾淨及舒適，它提供有關客房重要的服務事宜，例如房間整理、洗衣服務、失物招領及擦鞋服務等。有健全的房務組織與工作流程，各從業人員應發揮團隊精神，才能使房務的工作達到事半功倍之效率。

一、房務部的重要性

客房收入爲旅館主要的營業收入之一，客房爲旅館的重要商品與設施，房務部的功能乃是提供客人舒適、清潔的客房及保障住客的安全，使客人留下美好的印象。

爲確保客房的舒適使顧客有獨特溫馨感覺，房務部須有專業及高品質的服務，以滿足顧客的需求，旅館在業界有良好的口碑，將贏得更多顧客的光臨，此爲房務部工作最大的目標。房務部工作需分三班制執行，二十四小時隨時提供服務以因應顧客的需求，因此須有不同單位部門之支援。由於房務部需要大量員工才能完成工作，因此房務部在人事管理及客房物料與清潔用品的控管上，務必做到以最低的支出而能得到良好的效能。由於房務部門的工作非常的繁瑣，因此房務員須用科學化的方法，以提高工作效率，使整個房務服務過程達於盡善盡美之境界，讓客人住於房內享受最溫馨貼切的服務，使顧客有家外之家（Home Away From Home）的獨特感覺。

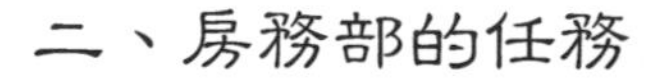

房務部的主要任務是要經常保養維修及整理改善房間的正常使用狀況，使房間可以隨時出售，因此房間必須保持清潔、舒適且安全，尤其是房務從業人員要有友善的態度，提供熱忱的服務，使旅客有賓至如歸的感覺。

(一)房務主管應具備的條件

1.聰明、機敏、自信及富有親切感。

2.有執行領導與組織能力，使員工有團隊的精神。

3.具有房務專業的知識及旺盛的企圖心。

4.具備優良的表現，而得到上級的尊重與信賴。

(二)員工工作安全守則

1.若在工作受傷，應立刻報告上司。

2.發現備用品或機械故障導致危險，應立即報告上司，若地板破損、階梯溼滑、電線漏電或其他工具破損時應報告上司。

3.在高處工作時，務必使用活動梯，而不可使用椅子、桌子充當梯子，才能確保自身的安全。

4.工作時應穿上安全、舒服及顏色明顯的工作服及鞋子。

5.過重的物品必須請人協助，不可單獨搬運，而導致身體受傷。

6.在進暗室以前，應先開亮電燈，不可用潮濕的手扭開電路的開關。

7.協助教導新進員工，能把工作做得正確及安全。

8.不可用赤手直接收拾玻璃、破陶器及其他尖銳的東西，必須使用掃帚及畚箕。

9.清潔工具應貯放於安全地方，不可隨便放置而傷害到別人。

10.使用真空吸塵器，應注意電線不可絆倒別人。

11.發現樓梯有溼滑物，應立即除去，以保護客人及同事的安全。

12.走廊通路及安全門不可有障礙物，以維護旅客之安全。

13.不可隨地抽菸、亂丟菸蒂。

第二節　房務部之組織與工作職掌

客房是旅館最直接的產品，屬於旅館的硬體設備，有從業人員優質的服務，才能產生它的商品價值，因此房務部門務必發揮團隊的精神，並以「人生以服務爲目的」的理念，在自己的工作崗位上完成應盡的任務。

一、房務部組織

由於旅館的規模大小不同，故房務部組織亦不盡相同，國內的房務部門組織表如**圖7-1**。

二、房務部人員之工作職掌

房務部的工作是旅館中最繁忙的部門，須依賴各層從業人員的努力合作，才能完成任務。房務部經理爲房務部的最高管理者，上對客房部經理負責。副理爲經理不在時的職務代理人，其下有樓層領班、房務辦事員、房務員、公共區域清潔員、布巾管理員、縫補員及嬰孩監護員等。茲分述如下：

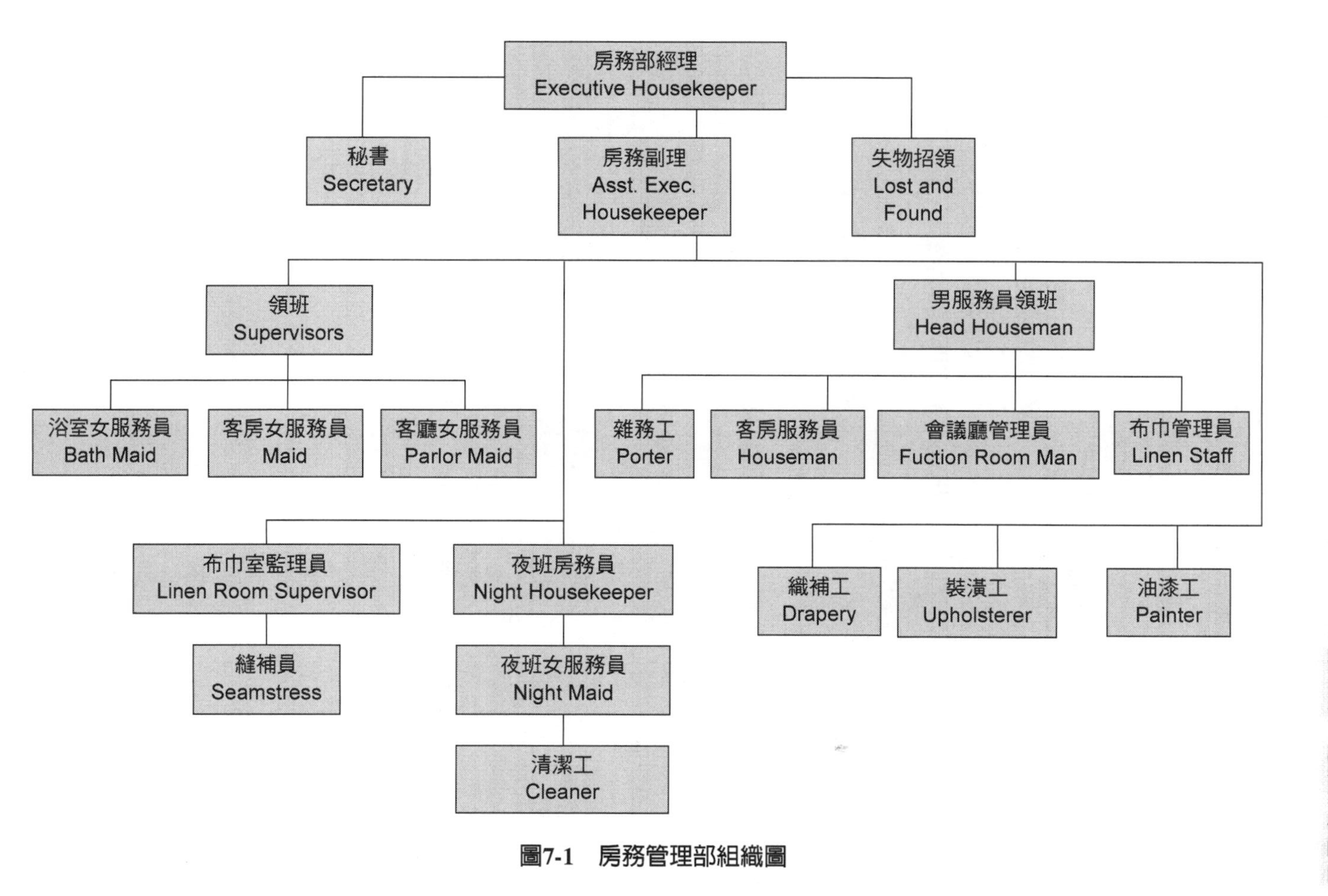

圖7-1　房務管理部組織圖

(一)房務經理（Executive Housekeeper）

1.參與總經理及各部門主管會議。

2.訂定房間之養護計畫，作定期與不定期之保養，並編列預算及協調工程部、採購部及前檯，按期施行。

3.負責編列人事費用預算，訂立精簡的房務組織及有效地運用人力資源。

4.建立所屬各單位的作業規定、工作程序及作業方法，並督導施行。

5.訂立標準的清潔檢查項目，並隨時嚴格檢查。

6.擬購品質優良的清潔用品及物品，並降低其成本。

7.管理辦公室、洗衣房及員工制服，並與採購部保持密切聯繫。

8.依公司人事之規定負責部門員工之僱用及解僱。

9.與安全部門共同處理客房的突發事件。

10.負責所屬人員之管理與督導。

11.考核員工之工作績效、薪資調整，以提高房務之服務品質。

12.盡全力解決有關房務部的一切問題。

(二)房務副理（Assistant Executive Housekeeper）

1.負責客房的運作，如備品的總盤點。

2.處理客人的抱怨。

3.負責客房的翻修與進度的安排，並對完工後之工程進行檢查。

4.巡視各樓層及瞭解員工工作的情況。

5.負責面試新進的員工。

6.請領工作需要之備用品及消耗品。

7.檢查部屬的服裝儀容並指示當天應注意的事項。

8.定期召開研討會及研究改善問題。

(三)樓層領班（Floor Supervisor或Floor Captain）

樓層領班通常一個人管理三十間房，其工作職掌爲：

1.瞭解所負責樓層所有的事情。
2.檢查打掃完畢的房間並糾正不完善的地方。
3.房間檢查報告表塡好送到櫃檯，上、下午各一次。
4.向房務副理報告房間內應維修的地方。
5.每月月底負責記錄布巾類及備用品的清單。
6.分配工作給房務服務員。
7.訓練新進員工。
8.經常注意住客的行動與安全。

(四)房務辦事員（Office Clerk）

1.負責客房內冰箱飲料帳單登錄到銷售日報表。
2.保管及處理顧客遺失物品。
3.預備和登記旅館免費贈予之物品，如鮮花、水果、礦泉水及貴賓禮物，並通知相關主管和樓層。
4.登記房務部門之請修單據，若有特殊檢修狀況，應告知値班主管。
5.登記房客寄存衣物。
6.冰箱飲料之盤點與補充，每月底塡寫飲料及食品銷售數量。
7.塡寫辦公室所需物品之申請單。

(五)房務員（Houseman及Room Maid）

房務員包括男房務員（Houseman）及女房務員（Room Maid）。其工作職掌如下：

1.整理客房、浴室和房間內各項備品。

2.清理維護客房如走廊、門框、牆面及空調出風口等。

3.補充客房冰箱飲料及食品。

4.於指定的時間收送房客之洗燙衣物，並填寫於旅客衣物收送記錄簿。

5.做床服務之作業。

6.若房客要求更換布巾或擦鞋事宜，應該要優先處理之。

7.住客之遺留物品，必須報交主管。

8.填寫每日工作日報表及布巾數量清點表。

9.發現可疑人物應該立即報備有關單位，若有客人申訴、客人及旅館財務遺失或損壞，應立刻向領班報告。

10.若有意外事故之發生，應協助客人迅速離開現場。

11.保持客房內水果及鮮花的新鮮度。

12.填寫房間狀況表，在報表上註明其狀況。

13.維持庫房的清潔。

14.要熟悉旅館內基本的服務項目，方能答覆房客的詢問。

15.完成上級主管特別交辦的任務。

(六)布巾管理員（Linen Staff）

1.負責管理住客衣物送洗事宜。

2.管理員工制服、客房用床單、床巾、枕頭套、毛巾及餐廳用桌布巾等。

(七)縫補員（Seamstress）

負責爲住客衣服及員工制服作一般簡單修補工作。

(八)嬰孩監護員（Baby Sitter）

負責看護住客之小孩，此爲渡假旅館的特殊編制。

第三節　房務部與其他部門之關係

在觀光旅館的組織範圍內，房務部門必須與旅館的其他部門保持密切的關係，互相支援合作，方能使房務的工作進行順利，房務部與旅館其他部門之關係如下：

一、櫃檯

房務部應經常將房間的使用狀況通知櫃檯，以便住客遷出後，房務員把客房打掃乾淨後可再出售，同時要將住客的行動通知櫃檯，以防萬一。

二、工務部

提供資料給工務部工程師，迅速處理應修理的備品，如冷暖氣機發生故障，維修人員接到通知，便可即時修復，修理任何設備時，應避免打擾客人。

三、餐飲部

餐飲部所需要的桌巾及制服等均與房務部取得聯繫，尤其在大型宴會時，應要事先安排妥當，並協助客房餐飲服務（Room Service）。

四、會計部門

由會計單位核定帳單及支付薪津，並會同核對庫存品，以瞭解庫存品的多寡。

五、採購部門

房務部所需的清潔用品及顧客用品，均由採購部門辦理，至於採購的品牌、品質及規格應由房務部決定，雙方應秉持專業的知識，研究採購的特性及其成本。

六、業務部門

業務人員爲使客戶對旅館產品有信心，常會帶客人參觀客房，讓客人能充分瞭解客房的設備。因此，房務部應隨時保持客房良好的狀況，讓客人留下深刻的印象。

七、洗衣房

爲確保旅客送洗衣物能夠迅速處理，房務部與洗衣房應經常保持聯繫，洗衣物由房務部以標誌辨別，而洗衣單位應小心處理布巾類及旅客衣物上的汙點，並且不傷到衣服的材質與注意褪色的問題。

第四節　房務人員的服務態度與應注意事項

旅館業是服務性的事業，除了提供客人硬體設施，其餘則仰賴服務人員貼心的服務。因此，房務人員應具備熱心、耐心，做好房務的工作。

一、房務人員應具備的條件

(一)親切的服務態度

房務人員應具備熱忱、和顏悅色的態度，使客人有被重視的感覺。親切的服務態度，將使客人留下良好的第一印象，旅館應特別重視。

(二)專業技能

旅館業是一種服務業，專業的技能包括專業知識、技術、語文能力及服務的技巧等。有好的專業技能才能提供客人高水準的服務品質。例如，房務部主管應具備管理的技能，而房務員應具備清理房間的專業技能。

(三)能細心注意瑣事

做事要非常細心，看了客人的動作即能推測洞察客人的要求，而自動上前服務，客人必會覺得心滿意足。

(四)有禮貌地服務客人

除了有令人滿意的殷切服務外，再加上熱忱的歡迎、很有禮貌地關懷客人，將增加住客的滿意度。

(五)使客人有舒適感

當旅客住進客房時，房間的備品應齊全，每一個客人從遷入到遷出，都不會有備品的短缺，服務員應和藹、勤快，時時以微笑待客，客人不但覺得舒適且有被尊重的感覺。

(六)應熟記住客的習性與喜好

一個優秀的房務人員須有精細的思想，對住客有相當的認知，包括住客的房號、姓名、住客人數、個人的喜惡和特殊的習性，從與客人交談中以自身的經驗去認識。

二、房務人員的規範

房務人員應遵守的規範如下：

1.客人若有吩咐時，要立即記錄，以免忘記，若無法處理，應請示主管，由主管出面處理。
2.不可用手搭住客人的肩膀，面對客人說話時，不可吃東西、吸菸或看書報。
3.要記住「客人永遠是對的」，不要與客人爭得面紅耳赤。
4.禁止爲客人媒介色情。
5.禁止使用客房內的備品或將備品攜帶出旅館。
6.嚴禁使用客房做私人事務、會客及和同事聊天。
7.禁止翻動房客的物品、文件、衣櫥櫃或抽屜，以免與客人產生誤會或不愉快。
8.禁止與房客過於親密或向房客談論私事。
9.嚴格禁止與房客外出。
10.禁止工作時吃零食、吸菸、喝酒及嚼口香糖。
11.嚴禁吃房客剩餘的食物，或將客人的遺留物品占爲己有，客人的遺留物應以遺失物（Lost & Found）處理之。
12.應遵守上下班的時間，不要遲到或早退。
13.不要在樓層與同事談論客人的是非。
14.禁止替房客私兌外幣或收購房客的洋菸及洋酒。

15.禁止私自向房客推銷紀念品或私自偷賣飲料。

16.應維護客人的隱私，禁止將客人姓名、行蹤及習性告訴不相關的客人。

17.嚴格禁止向客人索取小費。

三、房務員應注意的事項

房務員在打掃客房時注意的事項如下：

1.如果發現客人從事不法的行爲，應該立即報告組長。

2.住客若長時間掛著「請勿打擾」牌，或有長時間房內上鎖而未出房間的住客，須提高警覺，以防意外的發生，並應馬上報告主管。

3.若房內發生爭吵、聚賭或吸毒等情形，須迅速報告主管。

4.在清理房間時，工作車要放置於房門前，在清洗浴室時，要提高警覺，以防止閒雜人等進入客房。

5.在整理房間時，若發現貴重物品、現鈔或毒品，應迅速通知主管處理。

6.若房內家具、電器、馬桶需要修理，須報告領班並聯絡工程部處理。

7.住客遷出時，要特別留意客房內的公物是否被拿走或損壞，如果有上述情形，應立即報告主管處理。

8.如遇可疑的人在樓梯、走廊徘徊，須加以注意，並向主管報告。

9.當在客房內打掃時，若房客有電話，不可替客人接聽。

10.要進入客房，不論房客是否在內，要養成敲門的習慣，而房門必須開著。

11.打掃客房時，應該掛上整理牌，假如客人在房內，應詢問客人是否可以整理房間，若可以，動作應儘量小聲，以免打擾房客的安寧。

12.正在整理房間，嚴禁外人進入或參觀。

13.不能拿破舊的物品供客人使用。

14.保持客房樓層的安寧，不可高聲談話及發出碰撞聲。

15.若推工作車如遇房客，應停車先讓房客先過再前進。

16.與客人交談時，應要有禮貌，說話不可粗魯。

17.不可在掛有請勿打擾牌（DND）的客房門前吸地毯及製造雜聲，而影響房客休息。

18.整理房間時，若有把窗戶打開，整理完畢後要記得鎖上。

19.要按照工作的順序打掃房間，嚴禁利用客用毛巾擦拭水杯、地板、馬桶。

第五節　房務管理實務

旅館的清潔工作必須確立一定的打掃順序與方式、時間，工作人員應遵守旅館管理的方針與標準，澈底完成工作，以保持旅館的清潔與衛生。

房間清潔工作順序如下：

一、準備工作

1.布巾車：將布巾車整理乾淨，將需要使用的浴巾、毛巾、踏巾等布巾類和文具類、消耗品整齊地排置在車上（**圖7-2**）。

2.工具：在小水桶內放置乾、溼擦布各一條，清潔劑罐子一個，刷子一個，塑膠泡棉一個，放置於指定的位置，以供打掃房間之用。

3.各服務員上班後先查看客房狀況控制表，明瞭所負責的房間情

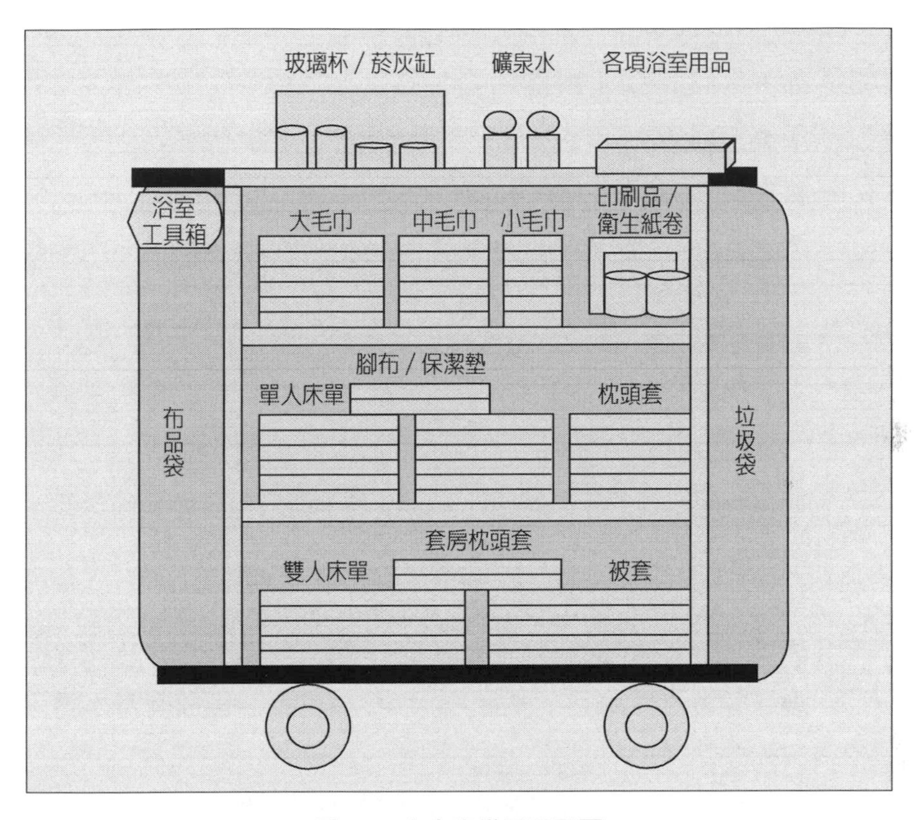

圖7-2　布巾車備品配置圖

資料來源：張麗英（2003）。《旅館房務理論與實務》。台北：揚智文化。

形，決定打掃順序。

4.遷出房間儘量先打掃清潔，以便通知櫃檯出售房間。

5.應利用住客外出的時間打掃住客房間。

二、進入房間

1.以中指關節處敲房門，並聲稱Room Maid Service，等客人允許後打開門進入。

2.把門打開著直到打掃完畢。

3.把燈光完全打開，查看是否須更換燈泡。

4.把窗戶、窗簾全部打開，以便空氣流通。

5.空調的開關撥至中央位置，並注意是否有故障。

6.檢查收音機是否正常沒有故障。

7.檢視房間是否有毀壞或遺失物品，若有此情形，應該立即報告領班處理。

8.如有客人之遺留物品，應交由領班處理。

三、打掃房間

1.把客房服務（Room Service）的餐具全部取出，並送回餐飲部門。

2.把菸灰缸的菸蒂倒在垃圾桶，並清洗乾淨。

3.把房間內所有的垃圾桶及其他雜物倒於大垃圾桶內，應注意是否有客人的物品夾在裡面，垃圾桶擦拭乾淨後放回原來的位置。

4.依照規定的方法做床（Make Bed，整理床鋪的專用術語）（**圖7-3**），床墊應每星期調頭一次。若床鋪墊（Bed Pad）不乾淨，應該隨時送洗。

5.把髒布巾用一條床單包起來，放於布巾車的袋裡，以便集中送洗。

6.清潔家具和木製品：擦拭所有家具、木製品、電話機、椅墊、布簾，木器部分要定期塗上家具油，把木器擦亮。

7.銅器部分除了每日擦拭外，應定期用銅油擦拭。

四、打掃衣櫥

1.擦拭衣架、掛衣桿、衣箱、地板，並把拖鞋、洗衣袋排好。

1.將床墊放好在床鋪中央上面，再將下層床單鋪在床上。

2.將上左角斜摺進去。

3.將下左角斜摺進去。

4.將上層床單放在床上。

5.將毛毯放在上層床單上。

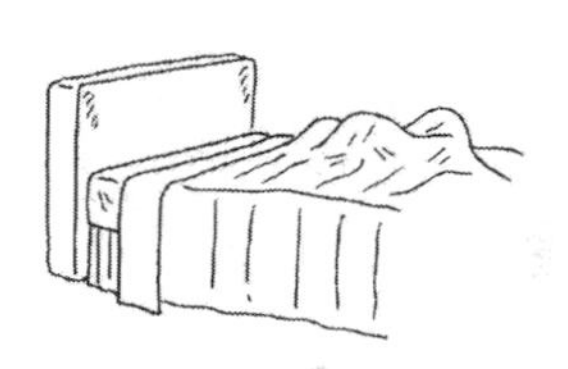

6.將上層床單反摺蓋在毛毯上。

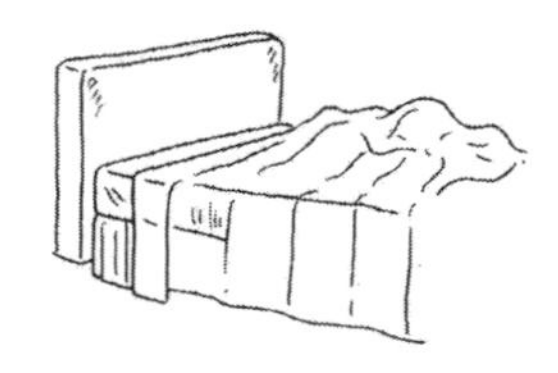

7.將上層床單和毛毯輕輕地順著床的邊緣摺放進去。

8.將上層床單和毛毯斜摺在床尾左邊。

9.將下層床單斜摺在床腳右邊。

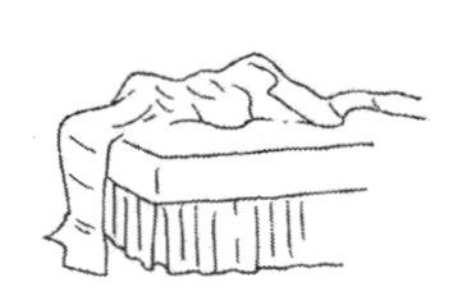

10.將床單塞進去。

11.將上層床單和毛毯斜摺在床腳右邊。

12.將下層床單斜摺在床頭。

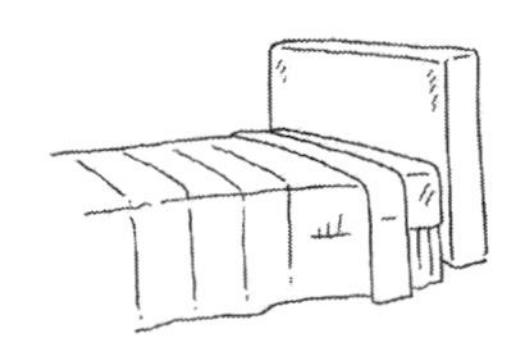

13.將上層床單摺在毛毯上面後，把它塞進去。

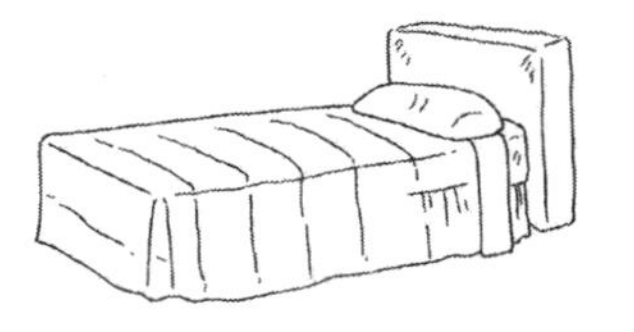

14.將枕頭放在床頭上。

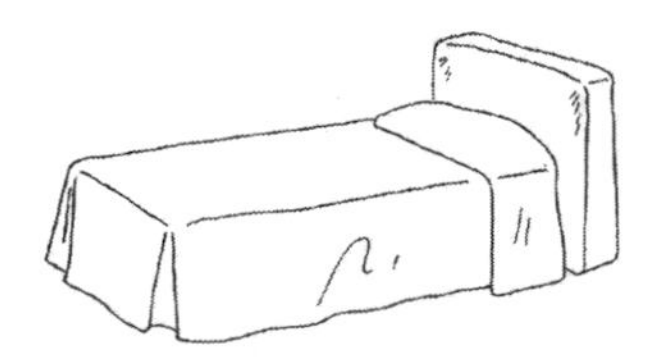

15.將床罩蓋上去，就完成。

圖7-3　做床的程序

資料來源：詹益政（2002）。《旅館管理實務》。台北：揚智文化。

2.注意電燈開關是否有故障。

五、打掃浴室

1.清潔日光燈及鏡子。

2.刷洗洗臉盆、肥皂盒、玻璃杯及碟子。

3.換上乾淨的玻璃杯。

4.洗刷牆壁、磁磚，應把肥皂沫、汙點等洗乾淨。

5.以濕的海綿撒上清潔劑，把浴缸擦拭乾淨。

6.以刷子擦洗馬桶內部後用消毒水消毒之。

7.清洗馬桶外面和坐墊、蓋子，洗刷乾淨後，以印有Cleaned & Disinfected紙條封上。

8.擦洗地板後，浴室要保持乾燥，不可有水分存在。

9.水龍頭等金屬品用乾布擦亮，必要時可用銅油擦拭之。

10.把規定的備品如毛巾類、肥皂、刀片盒、衛生紙及衛生袋放好。

六、補充消耗品

依照規定補充文具用品，如信紙、信封、明信片、意見表及原子筆。

七、打掃地板

地毯用眞空吸塵器吸乾淨，床底、壁角、家具應特別注意清潔。

有關房務管理檢查重點，如**表7-1**。

表7-1　房間檢查表

檢查項目	ITEMS	YES	NO	REMARKS
房門 鎖 內框 火警疏散圖 請勿打擾牌 走道燈	Entrance Door Lock Door Frame Fire Map D.N.D. Sign Hallway Light			
壁櫥	Closet			
門 輪軌及隔板 洗衣及購物袋 拖鞋 地板（衣櫥）	Door Rail & Shelf Laundry & Shopping Bag Slipper Floor			
冰箱	Refrigerator			
裡面清潔 外表清潔	Inside Cleaning Outside Cleaning			
小櫃子	Cupboard			
燈 隔板	Light Shelf			
行李架	Baggage Rack			
化粧檯	Dressing Table			
電視架及配線 雜誌 抽屜及針線包	T.V. Set & Wiring Magazine Drawers & Sawing Kit			
水壺及杯子 摺紙（地圖、時間表） 花瓶及菸灰缸 鏡子及鏡框 燈及燈罩 化妝椅 字紙簍	Water Jug & Glass Folder Flower Vase & Ashtray Mirror & Frame Light & Covers Dressing Stool Waste Basket			
扶手椅	Arm Chair			
咖啡桌及菸灰缸	Coffee Table & Ashtray			
檯燈及燈罩	Table Lamp & Cover			
窗	Window			

（續）表7-1　房間檢查表

檢查項目	ITEMS	YES	NO	REMARKS
玻璃 窗檯 窗簾及幔 窗簾前地毯 床頭板 床單 床下地毯 音響櫃 電話及電話墊子 菸灰缸 聖經及電話簿 溫度調節器 壁紙 天花板 空調出風口 地毯及角落 等身長鏡及框子 走道循環氣口蓋	Window Glass Window Sill Drape, Curtain Carpet Behind Curtain Head Boards Bed Spreads Carpet Under Beds Radio Table Telephone & Pad Ashtray Bible & Telephone Directory Thermostat Wall Paper Ceiling Air Condition Grill Carpet & Corners Long Mirror & Frame Hallway Circulating Plate			
浴室	Bath Room			
門及門框 門阻 衣鉤	Door & Frame Door Stop Cloth Hook			
洗臉檯	Wash Counter			
燈及燈罩 鏡子 衛生紙及紙盒 面盆及龍頭 肥皂及浴袍 菸灰缸及水杯 擦鞋布 浴帽 剃刀及刀盒 備用衛生紙及滾筒 面巾及架子	Light & Cover Mirror Tissue Paper & Box Basin & Faucet Soap & Wash Cloth Ashtray & Glass Shoeshine Cloth Shower Cap Razor Blade Box Spare Toilet Roll Face Towel & Rack			

（續）表7-1　房間檢查表

檢查項目	ITEMS	YES	NO	REMARKS
廁所	Toilet			
沖水系統 馬桶蓋及坐墊 馬桶底座 字紙簍及蓋子 電話 浴缸 牆壁瓷磚及浴缸邊緣 肥皂及肥皂盒 蓮蓬頭及水龍頭 浴簾 浴簾桿 浴巾及架子 天花板及循環氣口蓋 地板瓷磚	Flush System Toilet Cover & Seat Toilet Bowl Waste Basket & Cover Telephone Bath Tub Wall Tile & Tub Edges Soap & Soap Holder Shower Head & Faucets Shower Curtain Shower Curtain Rail Bath Towel & Rack Ceiling & Circulating Plate Floor Tile			

專欄　什麼是RCI？

Resort Condominiums International的縮寫為RCI，RCI成立於1974年，至今已有四十多年的歷史，其總部設在美國印第安那州的Indianapolis市，是分時渡假行業內最大且最專業的國際化公司。它的服務網遍布全球，加盟的國家已接近一百個，擁有三千六百家的加盟渡假村，而持有RCI會員卡的人數超過五百萬名，堪稱世界規模最大的國際渡假聯盟。

分時渡假或渡假村分時所有權概念是1960年在法國的Alps誕生的。在台灣，RCI有七家的加盟渡假村，RCI是以會員式的加盟體系為主，提供每個會員在世界各地遊玩時，都可以享受RCI當地的渡假村服務。在

台灣的分時共享會員卡，渡假時間分為一週、二週兩種卡，而房型分為單房卡與雙房卡兩種，享有的年限二十年。

分時渡假擁有權可讓會員在渡假村享有各項休閒設施。RCI所遴選的渡假村標準十分嚴格，必須有獨特的天然景觀及靠近觀光名勝，渡假村的房間數、遊憩育樂服務設施都是RCI考核的重要項目。

1984年之後，Marriott、Hilton、Disney等全球著名的酒店集團，陸續加入RCI，美國在全球分時共享產業的獨占龍頭地位更加確定。據研究報告，自1995～2009年，全球分時共享事業的總營收，約達兩千億美元，未來十年，市場將有再成長一倍的空間。

自我評量

1.房務部有什麼重要性？

2.房務人員工作安全守則有哪些？

3.房務經理與副理的工作職掌有哪些？

4.男女房務員的工作職掌是什麼？

5.房務部與其他部門有何關係？

6.房務人員應注意哪些事項？

7.房務人員如何打掃房間？

8.什麼是RCI？

第四篇 餐飲管理

第八章　餐飲管理概論

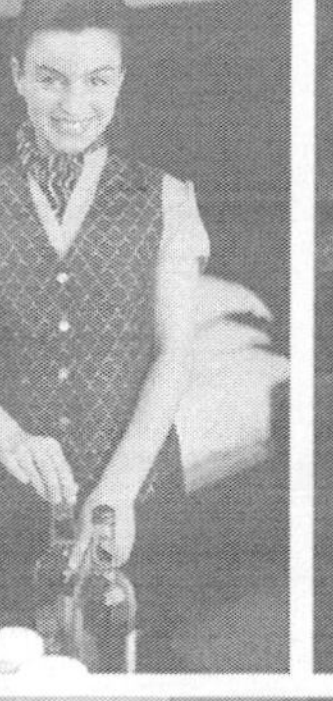

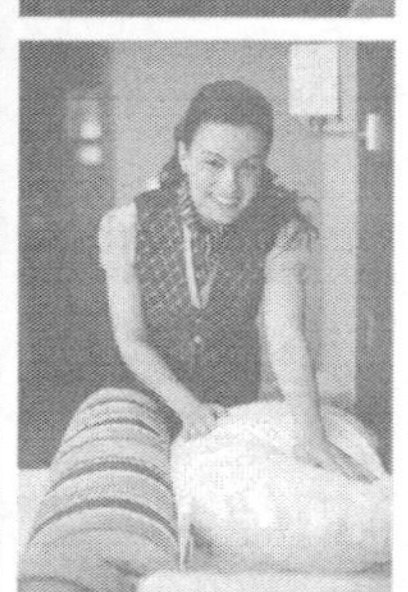

第八章 餐飲管理概論

- 餐飲業的定義與特性
- 餐飲業的類別及組織
- 餐飲業的行銷策略
- 餐飲管理電腦化
- 專欄——麥當勞的經營策略

第一節　餐飲業的定義與特性

餐廳（Restaurant）源於法國，其語源爲法文Restaurer。依據《法國大百科辭典》的解釋，爲提供營養的食物與休息，使人恢復體力的意思。

西元1765年有一位法國人布朗傑（Mon Boulamge）所開的餐館，他在餐館的招牌上寫著「本餐館出售神秘而營養的餐食」以吸引顧客，他供應的湯稱爲Restaurant Soup，是用羊腳煮成的湯。在當時凡是經營餐飲業者都必須參加餐飲業公會，而布朗傑並未參加，因此同業聯合起來控告他，但最後布朗傑卻勝訴了，於是他就以他的湯名Restaurant作爲餐廳的名稱，此即Restaurant的由來。

一、餐廳的定義

(一)字面的意義

餐廳是使人恢復元氣，並給予營養的食物與休息的場所。

(二)實質的意義

餐廳爲接待顧客，提供餐飲、設備、休息與服務，而賺取合理利潤的服務性行業。

(三)應具備的條件

餐廳以營利爲目的，提供餐飲與服務，並有固定的營業場所。

二、餐飲業的特性

餐飲業的特性包括下列五種：

(一)商品無法儲存性

餐廳的生意興隆，廚師所烹飪的菜餚很快就被顧客享用完畢。若生意不好，食材放了一段時間就容易腐壞，而餐廳將會有很大的損失，因爲食材有其保存的期限，菜餚也無法先做好儲存於隔天販賣。

(二)座位是重要的商品

餐廳除了提供餐食還包括座位，有舒適的座位，顧客在用餐時會覺得是一種享受，座位的安排、設計與規劃，是餐飲業不可忽視的要項。

(三)地點的適中性

餐廳的位置選擇適當，位於交通便利、人潮集中、流動量大的地點，將可帶來大量的消費者，例如台北市便利的捷運，由西區到東區僅須十五分鐘，便利的交通帶給東、西區無限商機。

(四)產銷同時進行，且時限極短

餐飲業從採購的食材、加工製作、烹調及顧客的消費都在同時間進行，比較不容易預估銷售量以控制生產量。餐飲業之同一原料要製作不同顧客的餐點，而且是在極短的時間完成，所以餐飲業具有生產（烹調）與銷售（販賣）之兼營性。

(五)勞力密集

餐飲業爲勞力密集的服務業，廚房食物的製作與餐廳外場的服務，都需要大量的人力，尤其是高級的餐廳，服務人員的調配及專業技能更是重要。因此，人力資源的安排及訓練，爲不可輕忽的課題。

第二節　餐飲業的類別及組織

一、餐飲業的類別

餐飲業的類別可分爲八大類，分述於下：

(一)依法定分類

根據經濟部商業司於2006年4月所頒定的「中華民國行業標準分類」，餐飲業的法定分類如下：

◆餐館業

從事中、西式餐食供應，領有執照的餐廳、飯館、食堂等行業，其下又分：

1.一般餐廳：中式、西式、日式餐廳等。
2.速食餐廳：中式速食、西式速食、日式速食等。

◆小吃店業

從事便餐、麵食、點心等供應，領有執照的行業，包括豆漿店、包子店、茶樓、火鍋店、燒臘店、點心店等。

◆**飲料店業**

以非酒精及酒精的飲料供應顧客立即飲用，而領有執照的行業。

◆**其他**

從事以上三項以外餐飲服務之行業。

(二)依世界觀光組織（WTO）分類

1.提供各項服務的餐廳。
2.速食店、自助餐廳、自動販賣機、小吃店、點心店。
3.酒吧和其他飲酒場所。
4.夜間俱樂部及劇院。
5.各機關內的福利社。

(三)依經營型態分類

分獨立經營的餐廳與連鎖經營的餐廳。

◆**獨立經營的餐廳（Independent Restaurants）**

是由個人或多人投資，不需藉助外力獨立經營與管理的餐廳。一般可分爲兩種：

1.獨家經營的餐廳：自己當老闆，自己獨享利潤，不受他人控制。
2.合夥經營的餐廳：由多位投資者共同經營，應該互相信任與溝通才有競爭的實力。

◆**連鎖經營的餐廳（Restaurant Chains）**

連鎖經營的餐廳必須至少有兩家以上的餐廳，且具有相同企業識別系統（CIS），由總公司設計一套行銷的方法及員工教育訓練，並授權給分公司去執行銷售與服務。優點是大量進貨成本較低，且廣告費用由多家餐廳共同分擔。美國是連鎖加盟店的創始國家，也是全世界連鎖加盟最大王國。

(四)依供應餐食的內容分類

◆綜合餐廳（Combination Restaurants）

提供一般性和大眾化口味菜色的餐廳都可稱爲綜合餐廳。

◆特色餐廳（Speciality Restaurants）

具有創意性、獨立性的風格，餐點具有特色，可分爲以下三種：

1. 主題餐廳（Theme Restaurants）：將餐廳某些特別且具主題特色的地方呈現出來，以滿足顧客的需求。例如硬石餐廳展現搖滾樂和流行樂的氣氛。
2. 專賣餐廳：是將餐廳某一產品作爲銷售的重點，專賣單種材料爲主軸。例如咖啡專賣店、牛肉專賣店、山東餃子店等。
3. 大眾化餐廳：此類餐廳大都是爲需要在外面午餐的人士提供餐飲服務，在收費方面盡可能大眾化，大多數的人都可負擔得起。

(五)依服務對象分類

◆商業型餐廳

此種餐廳是以營利爲目的，包括俱樂部、美食餐廳、特色餐廳等。

◆非商業型餐廳

通常此種餐廳不是以營利爲目的，大部分是企業要提升形象或回饋社區鄉里而設立的，例如醫院、慈善機構之機關團體餐飲等。

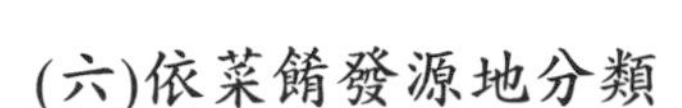

(六)依菜餚發源地分類

每個地區和國家的餐廳供應的菜餚各有不同，全世界共有一百三十多個國家，每一個國家都有其出名的菜餚，下面列舉亞洲餐廳和西式餐廳爲例。

◆亞洲餐廳

1.中式餐廳：廣東菜、湖南菜、江浙菜、四川菜、北京菜、台菜及台灣小吃等。
2.東北亞餐廳：日本料理、韓國料理等。
3.東南亞餐廳：印度菜、泰國菜、越南菜、印尼菜等。

◆西式餐廳

有美國菜、義大利菜、法國菜、德國菜、希臘菜等。

(七)依服務方式分類

◆餐桌服務型餐廳（Table Service Restaurants）

此爲傳統的餐廳服務方式，一般餐廳皆以此方式服務客人，如中餐廳、美式西餐廳、日本料理店等。

◆櫃檯服務型餐廳（Counter Service Restaurants）

以長條形或其他樣式的櫃檯作爲餐桌，顧客坐於櫃檯的外側，服務員於櫃檯內側服務客人，例如鐵板燒、迴轉壽司、涮涮鍋等。

◆自助餐檯服務型餐廳（Buffet Service Restaurants）

顧客到餐廳入座後，自己到自助餐檯拿取喜歡的菜餚，可多次取菜直到吃到飽爲止。

◆**速簡餐廳（Cafeteria Service Restaurants）**

由自助餐演變而來的，適合不想吃太多的顧客，由顧客自己選擇喜歡的食物，然後依食物的單價計價付款。

◆**其他**

例如自動販賣機（Vending Machine Service），顧客只要投入硬幣，就可以從自動販賣機上挑選食品或飲料，車站或人潮多的地方都有此種販賣機。有些員工餐廳只有自動販賣機供應餐食，而由專業的連鎖店負責經營。

(八)依供餐方式分類

◆**單點餐廳（A La Carte Restaurants）**

指提供單點的餐廳，顧客可依自己的喜愛自行挑選菜餚。

◆**套餐餐廳（Table d' Hote Restaurants）**

指提供套餐菜單，給予顧客有限的選擇，對顧客來說，餐食內容搭配完整且價格比較便宜，是一個不錯的選擇。目前很多餐廳兼具單點及套餐，以符合顧客之需求。

◆**速食餐廳（Fast-Food Restaurants）**

速食餐廳是一種櫃檯服務型的餐廳，可分為中式、西式、日式三種。中式有三商巧福、頂呱呱；西式有麥當勞、肯德基、必勝客；日式有吉野家、摩斯漢堡等。

◆**自助餐廳（Buffet Restaurants）**

由顧客自行到餐檯選取菜餚，然後端到自己的餐桌上食用。

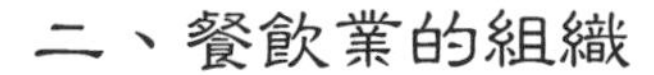

二、餐飲業的組織

餐飲業因規模大小的不同，而組織亦可大可小，其可分爲：

(一)國際觀光旅館餐飲部門

大型的國際觀光旅館之餐飲部門大致包含八個單位，例如餐廳部、餐務部、飲務部、宴會部、採購部、廚房部、成本控制部（成控部）及庫房部等（**圖8-1**）。

1.餐廳部：負責旅館內各餐廳的銷售服務及餐廳的布置、清潔安全與衛生。

2.餐務部：負責餐具管理、清潔維護、廚餘處理、清洗炊具與搬運等工作。

3.飲務部：負責飲料的管理、儲存、銷售與服務。

4.宴會部：負責訂席、酒會、會議、聚會、展覽業務及會場布置、現場服務等工作。

5.採購部：負責餐飲部門所有採購事務。

6.廚房部：負責菜單擬定、食物的製作及協助宴會的安排。

7.成本控制部：負責食品、飲料的成本控制與分析，爲一獨立作業單位，可直接向上級負責。

8.庫房部：負責餐飲物料的儲存、驗收與發貨。

(二)一般餐廳的組織

餐飲業的組織會隨著企業的規模、職權的劃分及策略的運用而有所不同。一般餐廳的組織是屬於簡單型結構，小型餐廳是小本經營，人員組成單純，老闆握有決策權，屬於直線式的組織型態，能迅速解決顧客的任何問題（**圖8-2**）。

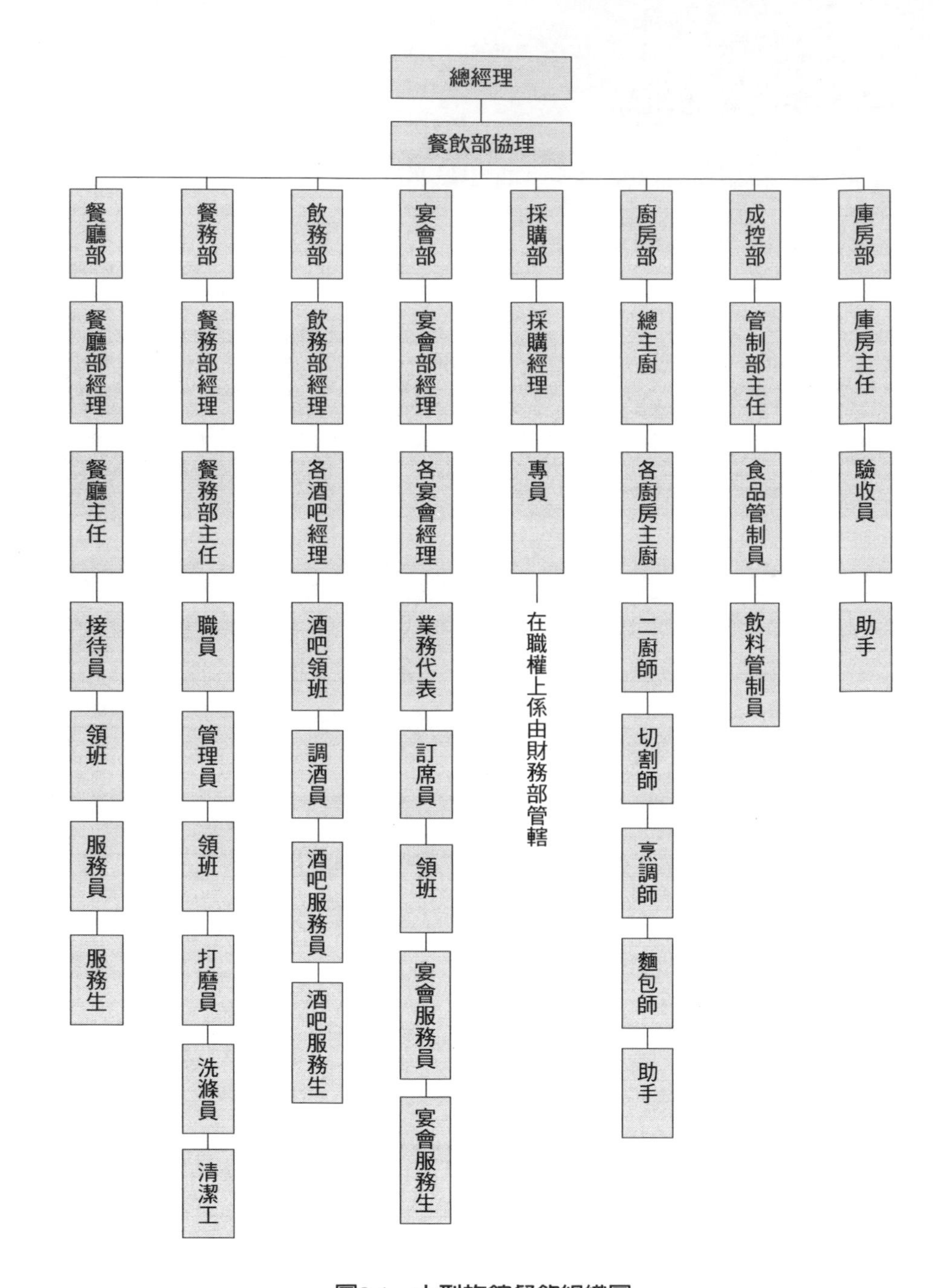

圖8-1　大型旅館餐飲組織圖

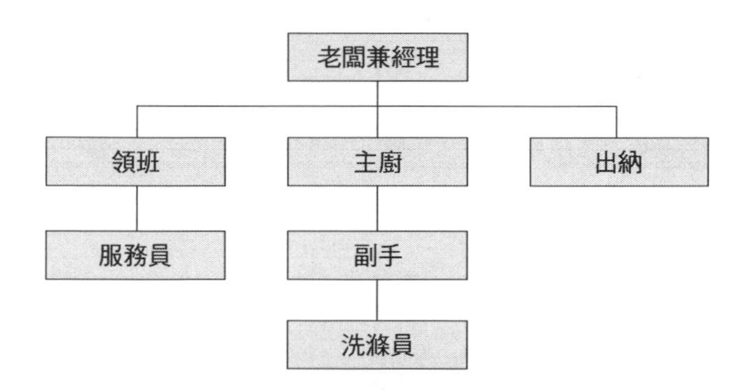

圖8-2　小型餐廳餐飲組織圖

三、餐廳外場從業人員的工作職掌

(一)餐廳經理（Catering Manager）

餐廳經理的工作職掌如下：

1.推展餐飲業務與決策。
2.訂立餐廳的工作目標與標準作業流程（SOP）。
3.建立良好的公共關係，並協調有關部門，共同開發業務。
4.檢視工作人員的工作表現。
5.負責餐飲從業人員的教育訓練。
6.建立有系統的訂席作業程序。
7.處理顧客的抱怨與申訴。

(二)服務副理（Assistant Service Manager）

服務副理的工作職掌如下：

1.協助經理管理餐廳的營運。

2.督導各部門的領班。

3.解決客人不滿及要求。

4.服務人員之安排。

(三)領班（Captain）

領班的工作職掌如下：

1.負責督導及協調服務員的工作。

2.隨時注意服務員的服務狀況，並提醒應該特別注意的事項。

3.負責督導責任區域的清潔工作及餐具擺放的位置是否整齊。

4.新進人員的教育訓練。

5.處理客人所提出的意見。

6.處理上級主管所交辦的事務。

7.替客人點菜並推薦、說明菜單。

(四)領檯員（Greeter）

領檯員的工作職掌如下：

1.接受客人的預約並預先安排座位。

2.瞭解餐桌的數量及物品擺放的位置。

3.負責訂位檯的清潔。

4.瞭解每天訂席的狀況。

5.保持個人儀容的整潔並面帶微笑地引導客人入座。

(五)服務員（Waiter & Waitress）

服務員的工作職掌如下：

1.維持餐廳的清潔、清理桌面並擺設餐具。

2.瞭解菜單的內容，方便向客人說明。
3.熟練服務客人的工作流程。
4.具備有關餐飲的專業知識。
5.儀容要整潔，並面帶微笑服務客人。
6.跟上級主管呈報客人所提出的意見。
7.將客人所點的菜餚迅速正確地送至客人的餐桌。
8.客人用餐前，將帳單置於桌面右方並且帳面朝下。

(六)服務生（Busboy）

服務生的工作職掌如下：

1.輔助服務員使工作的流程順利進行。
2.隨時補充餐廳的供給品。
3.客人入座後，幫客人倒水。
4.將菜單送入廚房，並將廚師做好的菜端進餐廳給服務員。
5.客人用完餐，收拾餐盤與桌面的清潔。

第三節　餐飲業的行銷策略

目前的社會，民眾對餐飲方面不再局限於口味特色的滿足，更進一步將餐廳的室內裝潢及氣氛視爲滿意度的評鑑標準。而國外一些著名的餐飲業利用其知名品牌，紛紛投入台灣餐飲市場，對本土的餐飲業造成莫大的壓力，因此，餐飲業必須有良好的經營理念，企業才能永續經營，茲將餐飲業的行銷策略分述如下：

一、企業形象的塑造

Corporate Identity簡稱爲CI。Corporate是指企業或團體，Identity爲主體性及同一性。主體性是企業的本體及方針，而同一性是將企業的主體標誌及特色，完整且統一地呈現出來。因此，CI可稱爲企業識別或企業形象。

美國是CI理論的創始者，1950年代由電腦界先鋒IBM公司首先推行CI計畫，來傳達IBM整體的企業形象。1970年飲料界的龍頭——可口可樂公司亦採用了統一化的商標設計。

CI構成的三大要素爲：

1.理念識別（Mind Identity），簡稱MI。
2.行爲識別（Behavior Identity），簡稱BI。
3.視覺識別（Visual Identity），簡稱VI。

企業爲讓大衆易於辨認與信賴其商品，而運用CI來塑造企業的形象，以增進市場競爭能力。餐飲業者應儘快建立餐廳的定位，要有不斷的創新觀念，提供顧客美味的餐食及熱忱的服務，方能順應時代的潮流。

企業重視CI乃是現代的趨勢，在經營環境中，市場競爭型態除了價格競爭之外，在非價格性的競爭中，更顯示出形象、品牌及服務的重要性。有了良好的企業形象則能增加企業競爭力與生命力。

二、讓顧客滿意的服務方法

(一)影響顧客滿意度的因素

民衆到餐廳用餐，除了希望享受美食外，也重視餐廳的裝潢與氣

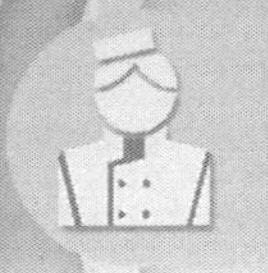

氛。美食、價格、氣氛及服務，成爲顧客對餐廳評斷滿意與否的重要考量。

影響顧客用餐滿意度的因素包括食物的品質、餐飲價格、用餐的環境與氣氛，以及服務的水準。茲分述如下：

◆食物的品質

顧客到餐廳，當然希望吃到色香味俱全的料理，例如牛排要可口而非太老，青菜要鮮嫩，酒要好喝而不能變質，而且菜餚不可過鹹或過淡。由此可知，食物本身的質感是顧客評斷餐廳好壞的第一步。

◆餐飲價格

價格要合理不可過高，否則民衆負擔不起，而影響到餐廳的消費。

◆用餐的環境與氣氛

餐廳要營造出有情調與氣氛的舒適空間，提供顧客享用美食，與視覺、聽覺的享受。

◆服務的水準

商場有句話：「顧客永遠是對的」，餐飲業的從業人員要有耐心、熱心及正確的服務方法，才能勝任此一繁忙的工作。

(二)讓顧客滿意的服務方法需注意的六個要件

◆服務動線

服務的動線須順暢，服務員才能得心應手爲客人服務。例如廚房、餐廳、接待櫃檯、吧檯等，各自的活動範圍須有順暢的工作系統，才能有好的整體服務動線。服務員利用服務台（Station）作爲與各桌顧客接觸的中繼站，可增加服務台與各桌顧客的服務動線。

◆適時的服務

客人點菜後，服務員應知道何時上菜，何時用飲料，適時地服務顧客，千萬不能怠慢，而讓客人留下不好的印象。好的服務，將使客人常常光臨餐廳用餐。

◆溝通性

服務員應該有效地和餐廳其他單位溝通，訊息傳遞正確且完整。例如菜色做得不合客人的需求，應請廚師注意食物的品質，並徵求餐廳經理的同意，再換新的菜色給客人，切忌不顧客人的意見，而我行我素。

◆服務順應性

是指順應顧客的要求，而不是要求客人來配合餐廳的政策和流程，順應性是表示餐廳同意給予客人需求更大的空間。例如客人要求菜色可替換，且同桌吃飯的顧客，每人開一張發票等。服務員應給予最大的方便，而非只知照章行事而不懂得變通。

◆顧客的反應

根據調查顯示，餐廳因服務的不同，有10%的客人會提出抱怨。至於未提出抱怨的顧客，結帳離開之後，將會向親朋好友提出餐廳的不是之處，並且強調以後不會到該餐廳用餐。因此，無論顧客提出正面或負面的意見，服務人員都應用心處理，讓客人很滿意地在餐廳用餐，這是服務人員的職責所在。

◆服務員的訓練與督導

餐廳各組織單位要能互相合作與協調，不能各自為政，必須受上級主管的督導。服務人員要有專業的知識與技巧，而且更要發揮熱忱的服務精神，人事部的主管須嚴格地訓練與督導服務人員，以提高餐廳的服務品質。

三、餐廳的促銷計畫與執行

由觀光局的統計資料中顯示，餐飲收入占國際觀光旅館的營業收入之45%，可見餐飲收入的重要性。

餐廳在開業之前必須作市場調查與評估，然後訂立產品的定位，當確定了銷售的產品及服務種類後，要積極地建立有效的促銷計畫。餐飲業最佳招攬客源的方法乃是廣告與展示銷售，不論餐廳規模的大小，廣告與產品推銷有其必要性與重要性。

推廣促銷活動主要是利用新聞媒體、海報、雜誌及報紙等。在餐廳促銷推廣活動中，必須軟體與硬體的相互配合，才能有效達到宣傳的目的，增加客源，促進營業的收入。

餐廳促銷的方法五花八門，商品本身是最佳的廣告，有了好的口碑，不怕顧客不上門。有關促銷活動的種類有下列五種：

1. 針對新開幕餐廳的促銷活動：此爲促銷活動中最重要之一種，必須一股作氣地打開知名度，凝聚人氣，則能事半功倍。
2. 配合各國佳餚舉辦的美食活動：例如在世貿舉行的法國美食節、義大利美食節、中華料理美食節及世界各國美食節等。
3. 配合國內外節慶所推出的促銷活動：例如情人節、母親節、父親節、中秋節、復活節、國慶日、聖誕節等。
4. 配合時令的促銷活動：如謝師宴、減肥餐、冬補、尾牙及農曆新年圍爐等餐食。
5. 新產品發表會：新產品是新的菜色、新的烹飪觀念及國際知名廚師示範的餐飲新趨勢，新產品發表會的活動，若能辦得有聲有色，有助於餐廳建立領導的企業形象。

二十一世紀是資訊最發達的時代，促銷的方法亦可利用舉辦記者

會、刊登廣告、製作DM及建立「網路部落格」，將餐廳的菜色詳列於網路，能吸引更多的顧客。促銷活動須長時間地推陳出新，苦心經營，才能有好的成績。一個成功的促銷活動，不但帶來實質的收益，更獲得顧客良好的口碑及優良企業形象的建立。

四、公關的發展與建立

餐飲業企業形象的提升對營運有莫大的影響，而公關是塑造良好企業形象的鑰匙。因此，公關的發展與建立是當務之急，不容忽視。公關（PR）即是公共關係，乃是企業將所需傳達的訊息，利用某種管道傳給目標市場。

公關的範疇包括媒體公關、旅客公關、形象公關、促銷公關及社區公關等，茲分述如下：

(一)媒體公關

主要的媒體爲廣播、電視、報紙、雜誌等。廣播不受地點、時間的限制；電視的收視人口龐大，影響力驚人；報紙、雜誌的影響力亦不小。簡而言之，媒體的客戶就是民眾，餐廳的特色可藉媒體發揮到最大的功效。

(二)旅客公關

旅館爲達到促銷目的，常仰賴設計精美、解說詳細的文宣品，傳達給客人，旅館常用的與房客溝通的方法如下：

1.在客房內放置旅館的文宣品，介紹旅館的設施及各餐廳的風味與特餐的推薦。
2.放置意見卡，供房客提出建議。
3.一星期中可定期舉辦一次的小型雞尾酒會，免費邀請房客參

加，可增進感情。

4.在特定節日如聖誕節，邀請客人同歡過聖誕節，使客人感受過節的溫馨。

5.貴賓抵達飯店，總經理與公關部經理親自在大廳迎接，以表示特別的尊重禮遇，並可透過媒體發布新聞，為公司打知名度。

6.對於長期住宿的房客，可不定期地邀約共餐，以瞭解客人對飯店的評價。

(三)形象公關

民眾對企業的認知，形成了該企業的形象，如何告知民眾，讓他們產生好的印象，此為公關運作的重點。

企業識別系統（CIS）是企業形象的靈魂，例如公司的名稱、廣告手法、指示標幟、宣傳手冊及公司所用的信箋、便條紙、菜單都有統一的CIS設計，民眾看到此CIS設計，就很自然地聯想到該企業。

無形的企業形象乃是指該企業的文化與經營理念，公關人的角色，就是將企業有形與無形的形象透過各種媒體廣告，傳達給民眾。

(四)促銷公關

此主題已於本章第三節中的「餐廳的促銷計畫與執行」有詳細的說明。

(五)社區公關

社區公關廣義的來說即是提供企業所在地區良好的工作環境及就業機會，以帶動社區的經濟繁榮。居住在企業體四周的居民，將是企業的潛在顧客，或是未來任職的員工，如果附近的民眾對該企業有強烈的認同感，此將對企業有良好的助益。

五、處理顧客的抱怨與投訴

餐廳開業之初，口碑相傳是非常重要的，一個成功的餐飲管理人員，須勇於接受顧客的意見，以求企業精益求精。

面對顧客抱怨而加以投訴，服務員須先穩定自己的情緒，以主動的態度面對正在生氣的客人，傾聽顧客不滿的訴說，並妥當處理客人不悅的心情。現況處理完畢後，必須深入瞭解問題發生的原因，並填寫事件報告單交給上級主管。

第四節　餐飲管理電腦化

現今已是電腦系統進入各式餐廳、酒店行業的時代，餐飲業使用電腦已相當的普遍了。在大型餐廳，尤其是觀光旅館內部的餐廳，幾乎完全依賴電腦處理應收帳款、員工薪資、菜單分析、餐飲服務管制、存貨管制、廚房生產以及菜單的印製等項目。

目前銷售點終端機已取代十多年前所使用的收銀機，電腦主體結合賣點終端機，以連線作業的方式，能提供會計帳目及採購食品的資訊。

餐廳服務員忙於點菜與上菜，如果利用電腦終端機則廚房與服務生的聯絡就更為方便。廚房也因資訊的正確性，能夠發揮快速烹飪的效能，服務人員更可藉助手邊的電腦，隨時要求廚房提供菜餚。另外，服務人員將客人銷售資料輸入系統後，所有的帳款將有詳細的分析。

在經理部門中，運用電腦可取得精確的報告，例如：

1.營業收入的統計。
2.銷售額之分析。
3.服務員之生產力。

4.存貨使用情況。

5.勞務成本的多寡。

6.可能的利潤。

如果是旅館內附設的餐廳，由於餐廳電腦系統與旅館櫃檯系統連線，則可將顧客的住宿費與餐費一併計算，而不會遺漏帳款而造成損失。

目前台灣已有多家電腦公司從事電腦點菜系統的開發，而採用電腦點菜系統的餐廳也愈來愈多。電腦點菜系統除了能自動打出點菜單，也有傳真機的功能，讓服務員不必進入廚房也能與廚師溝通。餐飲界的電腦化點菜系統有下列四種輸入型態可供選擇：

1.終端機鍵盤輸入：由於所有的菜色已設定代號，服務員只須在電腦鍵盤上打上所點的菜色代號，就可將點菜的資料輸入電腦主機硬碟內。

2.條碼電腦點菜機輸入：此為利用掃描器來輸入菜色代號的電腦點菜機，輸入時須另備一本印有條碼的菜單，以掃描器掃描所點菜單項目的條碼，即可輸入所點的菜色到條碼電腦點菜機的記憶體中。

3.觸控螢幕輸入：此類型的點菜終端機，採用觸控輸入螢幕，不用鍵盤，只須在終端機螢幕中的文字上觸摸一下，即可輸入該文字所代表的資料。

4.掌上電腦點菜輸入（手持終端機輸入）：此種手持終端機只有巴掌大小，可以隨身攜帶，稱為「快速點菜上菜系統」，是能夠讓服務員管理所有不同組客人的點菜資料之小電腦，它是日本三洋電器公司開發出來的。掌上電腦最大的優點是節省服務員的時間，服務員接受客人點菜後立即輸入手持終端機，利用無線電遙控技術傳送到廚房的電腦中，但是無線電發送有時候會有障礙，則可改用紅外線感應技術來傳送資訊，目前美國、義大利觀光旅館已開始採用。

智慧型的終端機能製作出各種報表，使經營主管能瞭解勞務成本、銷售分析、員工生產力、菜品之銷售量、彙列帳單報表、出納員的收支情形等。由於有詳細的資料，則在作餐廳業務規劃更能順利，能使餐廳的損失減少到最低點。

近幾年來，餐飲業使用電腦已相當的普遍了，而電腦系統運用形式也各有不同。從單一的微電腦，到智慧型的銷售點終端機，都可形成應用範圍廣大的電腦資訊傳送網路。美國餐飲事業雜誌發現，業者使用的範圍包括員工薪資、應收帳款、菜單分析、存貨管制、餐飲服務管制、員工工作日程、文書表格之製作與處理、廚房生產及菜單的印製。據其統計分析，大型餐廳，尤其是觀光旅館內附設的餐廳，幾乎完全依賴電腦處理上述業務。

業者所購置的電腦系統中，有關餐飲系統的資訊設備與系統架構如**圖8-3**所示。

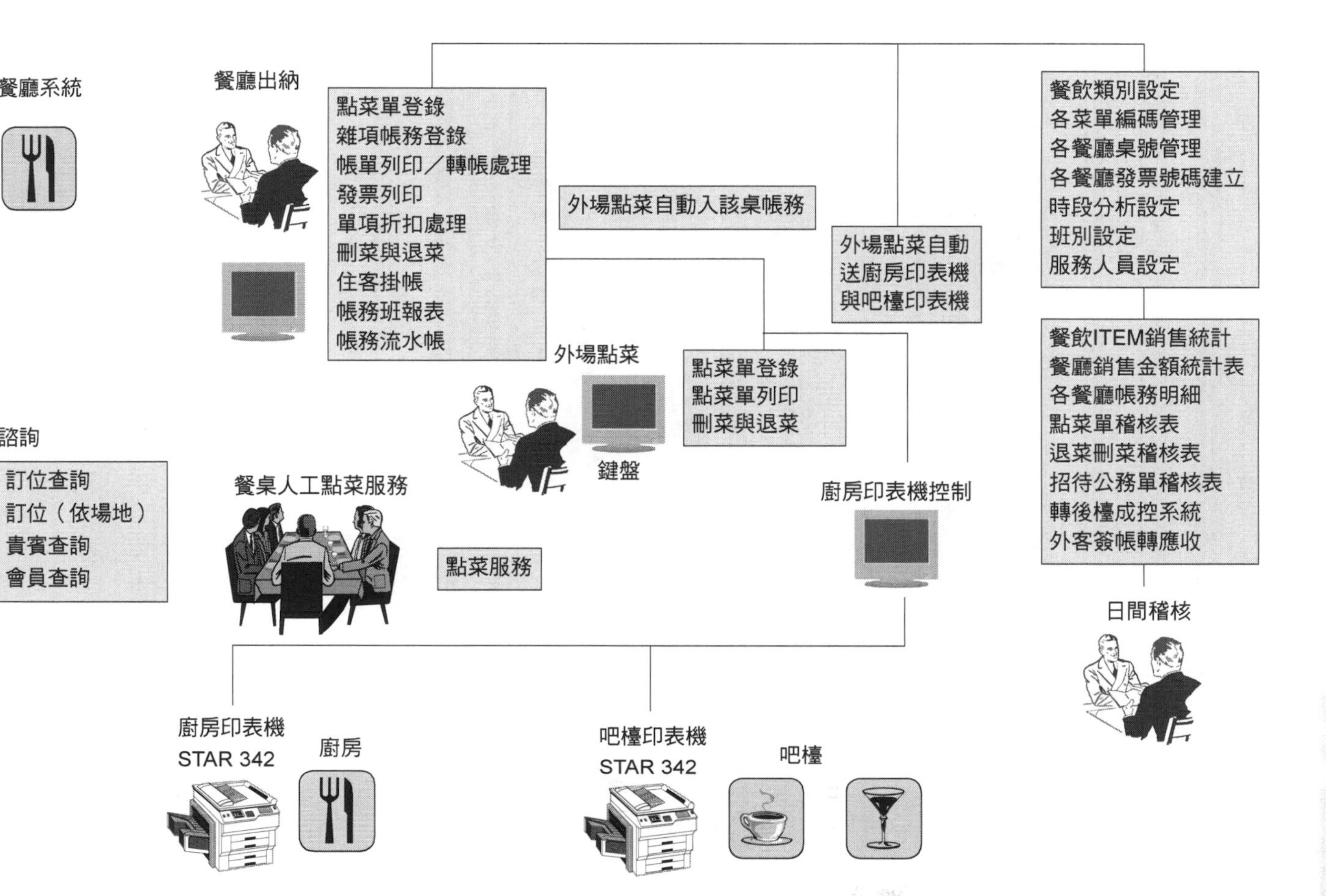

圖8-3　餐飲資訊管理系統架構圖

資料來源：蕭君安、陳堯帝著（2000）。《餐飲資訊系統》。台北：揚智文化。

專欄　麥當勞的經營策略

雷·克羅克（Ray Kroc）生於1920年，是美國最大的速食餐廳——麥當勞公司（McDonald's Corporation）的老闆。這一公司目前擁有三萬多家分店，分布在世界一百一十九個國家裡，每天有五千萬人進入其餐廳用餐，每年有96%的美國人在麥當勞餐廳裡用餐過。雷·克羅克先生的成功經驗主要有以下兩方面：

一、具有冒險創業精神

麥當勞最早是由麥當勞兄弟在加利福尼亞那迪諾創辦的。1954年，在克羅克先生當了十七年的紙杯和牛奶冰淇淋攪拌器推銷員後的一天，他買下了一家位於芝加哥市郊的麥當勞餐廳。他認為，麥當勞就是他夢想致富的一種產品。

到1960年，他在經營這家麥當勞速食餐廳五年後，他決定用二百七十萬美元完全買下麥當勞速食餐廳的專利。當時，他的律師稱這是一件糟糕的買賣。因為他的律師認為麥當勞速食餐廳專利不值這筆巨款，但克羅克先生卻充滿了冒險創業精神。克羅克先生回憶說：「那時，我關上辦公室的門，跳來跳去，大聲喊叫，往窗外丟東西，最後把我的律師叫了回來，說道：『買下來！』我有些模糊地意識到這樣做是必然的。」

二、麥當勞的經營戰略

克羅克先生非常瞭解他的目標客源——即中低層美國家庭——對食品需求的特點。他們在一天緊張工作中，需要經濟、方便、營養、衛生的食品來補充體力的消耗。因此，他精心配製了營養、方便、衛生、廉

價的漢堡。漢堡包含人體一天所需要的蛋白質、維生素和碳水化合物。同時，麥當勞開設的位置也在這些目標客源流動聚集的地方。

根據目標客源的需求特點，克羅克先生提出了麥當勞「品質、整潔、速度、笑容、衛生」的五項經營戰略。這五項經營戰略使得麥當勞在世界各地蓬勃發展。1991年北京王府井也出現了世界上最大的麥當勞速食餐廳，它擁有七百五十個座位。

麥當勞於1984年進駐台灣，目前每年營業額約一百二十億元，於全世界中排名第八，是台灣速食業的龍頭老大。

2015年由於原物料上漲，利潤減少，麥當勞有意退出台灣，目前有兩家公司在洽談中。

自我評量

1.說明餐廳的起源與定義。

2.餐飲業的特性有哪五種？

3.簡述餐飲業的類別。

4.大型的國際觀光旅館餐飲部門可分為哪幾個單位？

5.餐廳經理與副理的工作職掌有哪些？

6.領檯員及男女服務員的工作職掌包含哪些項目？

7.餐廳促銷活動有哪五種？

8.公關的範疇包括哪五種？

第五篇
行銷管理

第九章　旅館之行銷作業

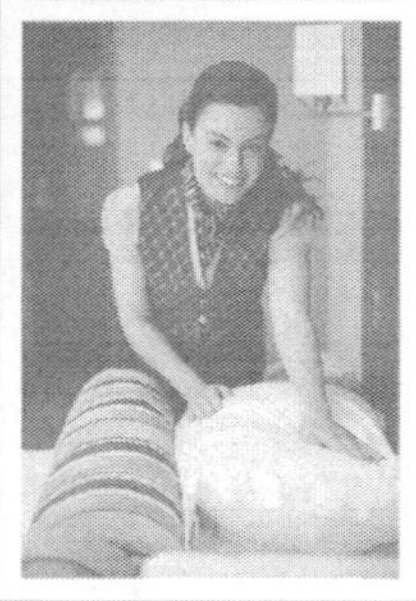

第九章 旅館之行銷作業

- 市場調查的內容
- 旅館開幕前的行銷活動
- 旅館業務推廣之策略
- 國際會議的爭取
- 「互聯網＋旅遊業」旅館行銷新平台
- 專欄——假日旅館系統的經營之道

第一節　市場調查的內容

構成旅館的主要商品是環境、設備、餐飲及服務，顧客再度的光臨是旅館商品功能的最大發揮，如果沒有具備獨特的經營方針與對市場需求的因應，便無法長期掌握市場利基，因此，專業化的設計及經營人才成爲旅館投資者最應重視的課題。

旅館既然有諸多經濟特性，吾人在投資之初，自然必須審慎處理，基本上，有外在景氣因素與旅館所在地的周邊條件要逐項去瞭解。

在此必須特別強調的，景氣因素是一個循環體，在世局穩定情況下，低迷的景氣反而是投資興建旅館的良機，主要因爲旅館籌建約需二年至四年期間，利用景氣較差時購置大量設備，成本較低，勞動資源也較易取得，工程進度不易延誤，總投資成本相對減少，而旅館開業時正好趕上景氣復甦，這是投資旅館最主要的成本理念。

旅館是觀光事業發展的基盤，因此事前必須要客觀地、有系統地、廣泛而深入地市場調查，再根據調查的結果來訂定市場行銷的策略，以達到旅館經營的目標。

有關市場調查內容，各公司做法不一，此處羅列其中主要項目於下：

一、掌握都市大環境的特徵性

包括的項目爲地區位置及特色、人口、產業種別構成、各企業的狀況、國民所得的高低、交通的立地條件、工商圈範圍、開發計畫及其他吸引觀光客的條件，茲分述於後：

(一)廣泛地區位置及特色

1.有關區域範圍內，該區域人民之消費能力。

2.全國性的比較下，成長條件係數。

3.與大環境經濟圈的關係、其他。

(二)人口

1.居住人口、經濟圈人口、潛在消費人口。

2.上項的人口遷移及增減原因。

(三)產業種別構成

產業種別構成屬於何種都市型態（商業型、觀光型、消費型、政治型或生產型）。

1.業種類別、商店數量。

2.產業種別就業數量及其遷移或增減的理由。

(四)各事業、企業的狀況

1.規模種別、企業公司數量（三百人以上企業公司的狀況）。

2.從業人員數量的遷移及增減理由。

(五)各政府機構、國有、民營主要事業公司的狀況

既有、現存或新規劃預定開設（工場、公司）之狀況。

(六)各業種營業額及加工製品出貨量

大盤商、零售商、餐飲業的營業額，工業出貨量的遷移、成長率及增減理由。

(七)國民所得水準

國民所得水準的高低決定市場價格定位。

(八)交通上的立地條件

交通上的立地條件包括對外交通工具及集散條件（如港口、航空站等）。

1.進出客數量。
2.鐵路、公路、其他乘客進出數量。
3.小客車、自用車擁有輛數。
4.上項的遷移及增減理由。

(九)掌握工商圈範圍

1.預測工商圈內周邊都市的調查。
2.從周邊都市的進出動向調查。
3.周邊都市設施及住宿狀況的調查。

(十)將來是否有開發計畫

1.主要輸送系統（如捷運、航空站、港口等）的預定計畫。
2.其他預定大規模開發計畫。

(十一)其他吸引觀光客的條件

1.地方性的風俗或特性。
2.餐飲消費情形。
3.勞動供給力及人事經費。
4.食品、備品、布巾供給的狀況。

二、各種市場調查

主要包括住宿市場、餐飲市場、婚禮和宴會市場的狀況，及主要宴會設施的調查等項目，茲分述如下：

(一)住宿市場的狀況

◆進出客數

1.年間住宿人數及其進展。
2.住宿目的、路線。
3.住宿人數的成長率及增減理由。

◆市內及周邊都市住宿設施的概況

1.飯店、旅館數量及設施內容（停車空間調查爲都市型旅館主要瞭解項目）。
2.住宿費用、客層、人力狀況。
3.季節變動等。

◆競爭對象設施的調查

1.營業狀況、特色。
2.即將開業的新旅館及相關餐飲同業資訊蒐集。

◆主要事業、企業、公司的住宿狀況調查

1.預測工商圈內的主要企業公司之住宿需求及住宿場所，其他設施的利用名稱。
2.實際執行徵信測驗之調查。

◆**當地的住宿設施調查**

到現有既存的住宿設施（如民宿或招租房客的宿舍樓）實地調查取材。

(二)餐飲市場的狀況

1.市內餐飲地帶的調查：餐飲種類、特色、營業傾向、客層、單價、營業額。

2.主要餐飲店的調查：

(1)立地條件。

(2)營業規模、特色。

(3)客層、客數。

(4)營業時間狀況及回轉率。

(5)消費單價、預測營業額。

(6)菜單。

(三)婚禮、宴會市場的狀況

1.年間婚禮組數及其進展。

2.市內及預測工商圈內婚齡的狀況。

3.市內及周邊都市的婚禮、宴會設施之狀況：

(1)設施內容、規模。

(2)人力狀況、消費單價。

(3)新規模設施計畫等。

4.主要集（宴）會設施的調查：

(1)立地、設施內容。

(2)最大宴會場所的規模。

(3)料理的提供（中、西、日式）。

(4)使用目的類別、件數及進展。

(5)每月變動及營業額。

(6)宴會的餐飲單價。

(7)使用客層的範圍。

(8)每件（組）的使用人數（如婚禮、一般、會議等）。

5.主要事業、企業、公司之集（宴）會需要的動向。

6.當地舉行之集（宴）會客層的狀況、既存設施及交通條件等。

三、計畫場所的評估

(一)交通條件

1.交通方式、種類。

2.與主要交通站之距離、路線。

3.計程車費用等。

(二)基地用地條件

1.引導線路的方法。

2.交流道路的條件。

3.入口道路的交通量（人、車）。

(三)與繁華街道的位置關係

1.距離、交通方式的種類、所需時間。

2.市政機關、商業街道的位置關係。

(四)周邊環境

1.周邊設施及環境調查。

2.未來周邊設施及開發計畫。

第二節　旅館開幕前的行銷活動

一、前言

旅館是一個多彩多姿、包羅萬象的服務企業，從無中生有的籌劃階段，直到一座美輪美奐的飯店落成開幕，呈現在我們的眼前，這期間必須經過一段漫長而艱苦的歷程與無數人的心血結晶。

有人說：「無旅館就無觀光事業」，那麼也可以說「無行銷」也就「無旅館」了。

旅館的行銷就是要創造市場之優勢與顧客的需要，進而作整體的企劃，將旅館的產品與服務成功地打進目標市場，並開發動態的市場推廣活動，以維繫企業的存續以至於發展。

旅館開工後，即面臨兩大項要展開的工作：

(一)行政工作

1.覓尋適當的辦公處所。

2.僱用人員。

3.裝設電話等通訊設備。

4.辦公設備與用品。

5.設置客房訂房控制簿。

6.宴會訂席控制簿。

7.各種報表。

(二)行銷工作

1.擬定開幕前行銷計畫。

2.設定初期的收入預估。

3.指定廣告及公關代理商。

4.劃定團體訂房配額及責任。

在完成可行性研究後，已決定每一個房間的建築成本，並經投資者、經營者及市場調查專家共同會商決定客房總數及共同目標時，應在開幕前二十四個月前指定總經理之人選。

此時，總經理即應配合建築計畫進度，編造開幕前行銷計畫。首先他將接到預估的財務報告表（十年間的）、開幕前的預算、設計圖、旅館未來的特色說明及會議紀錄等文件。他將依據這些資料，選定市場組合及開發行銷組合，因為行銷組合是企業在目標市場上開發產品、服務與市場的策略性行銷四個P的組合，不但可達成旅館的目標與行銷目標，同時，最重要的是能夠滿足顧客的需求和期望。

二、旅館開工（開幕二十四個月前）

此時，總經理即開始行政管理及行銷活動：先尋覓適當的辦公處所、招募主要職員，如秘書、業務經理等，然後準備市場行銷預算。同時，開始市場行銷活動：(1)決定要蓋哪一種型態的旅館；(2)以哪些大衆為對象；(3)寫明旅館的經營理念（使命與目標）；(4)選定推廣、傳播媒體及宣傳活動，以便決定市場區隔定位，作為銷售活動的指針及決定市場組合。

通常所謂行銷活動，主要的五個範圍是：

1.如何決定目標市場。

2.如何企劃產品。

3.如何為產品訂價。

4.如何分銷產品。

5.如何推廣產品。

例如，決定主要服務對象爲星期一至星期四爲個別商務客，公關代理商或一些專員針對目標配合進行工作；另一方面，讓開幕前工作小組的主管人員參加各種團體爲會員，以便提高公共形象及知名度，如參加旅館協會、觀光協會、市商會、國際會議協會、扶輪社、青商會或獅子會及婦女會等。

由於行政業務的增加，更應增設電話、電腦等辦公設備。業務部門要有完整的作業手冊、檔案管理系統，並出動人員拜訪顧客、開發業務。總經理除應查閱例行的行政報告外，特別注意業務部的拜訪紀錄、臨時訂房紀錄等報表，並針對目標市場作廣告，尤其是會議團體的訂房，很早就應作準備。

三、開幕前十八個月至前六個月

這期間爲屬於第二階段的行銷活動：

1.應準備更詳細的市場行銷步驟與計畫。
2.編製員工職責記述書（Job Description）。
3.重新劃定訂房配額。
4.銷售行動計畫（除了原有的工作小組人員外，提供新進業務員作爲行動的指針）。
5.重新調整市場區隔。
6.查看長期性訂房業務是否符合期望，否則應加強爭取短期性訂房業務。
7.由於工程進度，更接近開幕日期，廣告應更明確地指出開幕日期及進一步的說明。
8.業務員出差次數增加，主要在爭取訂房業務及其他更確定的生意。

9.對各行業加緊推廣工作。

10.贈送紀念品及簡介資料給各公司行號主管及秘書。

11.正式設定訂房配額。

12.覆審內部管理制度，查看各種報告是否如期提出。

13.再度查核旅館內各種標示牌。

14.重新檢討商品計畫。

四、開幕前六個月至開幕

1.集中全體力量於行銷活動。

2.每一部門應有銷售行動訓練計畫。

3.全部門動員，集中火力，作全面銷售攻擊戰。

4.確定開幕時邀請參加酒會的名單。

5.餐廳各部門籌劃該部門的銷售計畫。

6.餐飲部經理拜訪報社餐飲專欄記者，以便提高知名度。

7.重新明確客房目標市場（個別客及團體客）。

8.加強對旅行社及短期性市場的行銷。

9.努力爭取學校、政府機關、體育團體等業務，並邀請他們參觀解說。

10.編定郵寄名單。

11.遷入正式辦公處，訂定各部門公文來往流程，尤其應加強業務部、客務部及餐飲部門之聯繫工作。

12.設立爭取會議業務的協調部門。

13.公告房租、折價贈券及會員活動等節目。

14.考核及評估每一個業務員的成果。

五、部分開幕

1.加緊對當地之業務拜訪活動。

2.增加人員以便引導參觀旅館設備。

3.加緊拜訪旅行社。

4.確定俱樂部會員人數。

5.邀請外地旅行社及代理商來館參觀。

6.加強餐飲各部門推銷活動。

六、正式開幕

1.籌劃正式開幕工作。

2.加緊行銷全面攻擊活動。

3.計畫邀請參加宴會名單。

4.封面廣告特別強調特色及顧客利益，尤其是餐飲部門的廣告。

5.正式開幕後，三個月內實施開幕後行銷活動之總體考核，尤應考核員工接待顧客的服務態度，以便改進及調整。

6.重新調整行銷計畫，以符合開幕後的實際需要。

7.業務部門應建立館內招待顧客的時間表，並繼續加強業務推廣工作。

8.設立會前及會後之考核制度（會議協調部門）。

9.蒐集顧客對旅館的評語資料。

10.設定顧客檔案資料。

11.邀請貴賓、旅行社、商社、航空公司及同業等主要人員參加午宴。

12.訂定支付旅行社佣金制度，確定如期支付以維持信用。

七、未來的旅館行銷計畫

1.開發五年期的市場行銷計畫。

2.此一計畫應以周詳的市場調查及競爭對象調查爲基礎。

3.再依調查市場結果，進一步決定「定位聲明」，以便編定銷售行動計畫、廣告計畫及推廣計畫。

八、小結

總之，行銷計畫即經營實戰策略，是探討經營努力的方向及達成經營目標的方法。

在編定行銷計畫時，應經常記住將下列實戰內容包括在內，即：(1)情勢分析；(2)行銷目標；(3)行銷策略；(4)行銷方案；(5)行銷預算。

旅館商戰的成敗取決於「市場定位」與「競爭策略」。尤其目前台灣的旅館業已進入戰國時代，我們應組合實戰推銷、滲透促銷與戰略行銷，作整體設計與企劃，才能克敵制勝！

第三節　旅館業務推廣之策略

現在是一個企業形象定位與策略企劃的時代，經營者的行銷策略是決定生意盈虧的重要因素。行銷就是在創造市場的優勢與顧客的需要，而把業務推廣的產品成功地帶入目標市場，並全力開發動態的市場推廣活動。

旅館行銷最基本的策略乃是將最好的市場組合作爲重點，以顧客的需求爲產品開發及推廣的基礎，並且強化旅館的設備特色、服務項目、價格及員工的服務水準，方能在經濟不景氣中逆勢成長，立於不

敗之地。

觀光業的榮枯影響到旅館的收益，政府的「觀光客倍增計畫」中，期盼2016年來台旅客能達一千萬人次。觀光局更展開全力，2015年邀請日本藝人木村拓哉與導演吳宇森合作拍攝「I Love Taiwan」觀光宣傳短片，吸引觀光客來台觀光。除此之外，觀光局每年亦舉辦台灣十二項大型的慶典活動帶動觀光熱潮，其活動如下：

1.一月：墾丁風鈴季。
2.二月：台灣慶元宵，舉辦台北燈會及平溪天燈。
3.三月：內門宋江陣。
4.四月：於鹿谷鄉舉行台灣茶藝博覽會。
5.五月：舉辦三義木雕藝術節。
6.六月：慶祝端午節，舉辦台北國際龍舟賽、台北縣龍舟賽。
7.七月：舉辦宜蘭國際童玩藝術節。
8.八月：舉辦中華美食展。
9.九月：基隆中元祭。
10.十月：舉辦花蓮石藝文化節、鶯歌陶瓷嘉年華。
11.十一月：舉辦澎湖海鱺風帆藝術節。
12.十二月：舉辦南島文化節，以原住民爲活動主題。

旅館業爲吸引顧客前來消費，各家業者也採取靈活的行銷策略，其歷年方針如下：

1.華國大飯店提供顧客歲末聯歡、工商交誼、喜宴等多項服務。
2.環亞大飯店針對商務住客，推出「高爾夫黃金假期」優惠專案。
3.墾丁凱撒大飯店爲吸引觀光客入住，打出「住宿一天，贈送一天」。

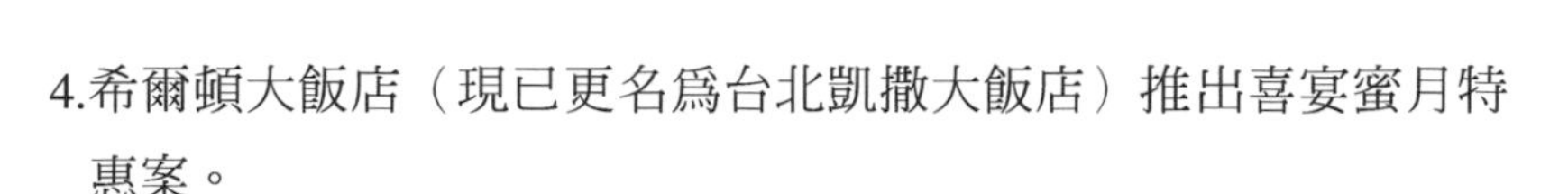

4.希爾頓大飯店（現已更名爲台北凱撒大飯店）推出喜宴蜜月特惠案。

5.台北環亞大飯店（現已更名爲王朝大飯店）推出夏之宿饗特惠案。

6.台北老爺大酒店、福華大飯店十二月推出「暖冬住宿優惠專案」。

7.高雄國賓推出馬來西亞美食節、百味曼波魚、花蓮美食季、花樣法國美饌嘉年華。

8.針對各種社團及公司，各旅館推出各項優待措施分述如下：

(1)北部觀光旅館業者爲了增加南部商務客，派出高級主管南下開發新客源，鎖定南部各扶輪社、獅子會及青商會，晶華、君悅等觀光飯店都派員南下開發業務，部分觀光飯店推出國人住房五折優待措施，西華飯店客房以六五折優待，另外推出「週末渡假專案」。

(2)「九四君悅大獻禮」，每年年底至次年二月底止，亞太地區三十六家連鎖飯店共同推出君悅住房七五折優惠。該專案除房價特惠外，也可享有西北航空哩程數優惠點數，並參加抽獎，免費入住凱悅在亞太地區的渡假村。

(3)環亞以一人一日住房費三千五百元，並附贈中西自助餐、免費市內電話、兒童免費加床、購物、洗衣、國際電話優待價等諸多優惠。

(4)部分旅館一宿只收兩千六百元，附贈兩份早餐、精緻水果盤，並可享用聯誼會的多項設備。藉由經濟型消費，吸引機關、學校、團體；另一方面，招攬私人企業、飯店同業舉辦員工訓練，甚至包括全家福的親子遊憩等業務目標。

(5)通豪大飯店住宿五折最引人注目；另「貴賓樓層」係對主管級的商務旅客提供特別的服務。

(6)福華的特惠促銷則分別以開發臨時訂房、來台參觀世貿展，以及中南部工業區北上洽商、香港遊客等客源，給予優惠價。

9.各飯店對會議業務所推出的會議優惠專案如下：

(1)力霸飯店優惠案是消費者享用各式會議器材，以及茶點八折。

(2)西華會議專案則是包括國外客，因為不少本地公司常會與國外總公司或分公司的職員開會，因此業者延伸優惠對象。西華訂房達二十間以上，房價給予優惠折扣。

(3)君悅將以往小型的會議擴大為一百八十人左右的大型會議專案。

(4)一般會議都以提供西式餐點為主，福華則以中式風味取勝，期以中國茶點與港式點心贏得消費者的認同。

(5)至墾丁凱撒大飯店開會，會前晨跑、會後游泳，會議假期兩人三天兩夜新台幣8,888元，免費提供會議室器材、咖啡等服務，並附贈豐富的自助早餐。

(6)另有部分觀光旅館場租、設備、用餐、茶點，單一價格全套包辦。

10.推出各種假期之優惠專案及服務，分述如下：

(1)知本老爺大酒店，推出逍遙假期、親子假期、蜜月假期、商務健康假期及會議假期等五種優惠專案，以優惠的價格免費贈送服務和娛樂活動，吸引避開人潮之渡假旅客。

(2)台中長榮桂冠酒店全家福假期，4,999元住宿豪華雙人房，加床不另收費。免費使用健身俱樂部各項設施，享受可口的歐式自助早餐，房間供應迎賓水果籃及免費停車。

(3)台中市部分觀光旅館為了掌握散客市場，推出累積點數優惠促銷方案，對來往信用程度良好之住客發給貴賓卡，持貴

賓卡住宿八折優待且可簽帳，並送水果、飲料券、三溫暖券等，除了建立消費者忠誠度之外，亦可達到穩定長期住房率之目的。

(4)某旅館爲日本旅客設計的日本客房，包括傳統日本浴袍、以日本茶具準備的烏龍茶、適合日本人睡眠習慣的較硬枕頭、牙刷、刮鬍刀及二十四小時的日語熱線，爲來台的日本旅客提供家的另一個感覺。

(5)台北國賓在晶華、君悅等新競爭者加入市場之壓力，已投入巨資進行全館改裝。

(6)高雄國賓飯店推出國人憑身分證特惠，單人房收費兩千七百元；雙人房收費三千元，服務費及稅金均由飯店吸收，同時推出工商界人士及觀光客的高爾夫之旅。

11.考季時期，業者針對不同種類的考試，推出了各式住宿休息的優惠措施，茲分述如下：

(1)部分觀光飯店爲提升企業形象並培養潛在客戶，提供考生和家長住宿五折，溫習功課客房特惠價優待等方式促銷。

(2)來來大飯店（現更名爲喜來登）之考生專案係對持准考證之考生給予對折優惠房價，另有專爲考生設計之速食午餐、客房餐飲，餐畢另提供考生專用休息區。

(3)部分觀光飯店認爲考季市場値得把握，但是也有業者持完全相反的看法，認爲促銷考季獲利不大，「考生專案」宣傳意義大於實質意義。

12.旅館業前輩李之義先生曾任國賓及圓山大飯店的總經理，在著作《愛上大飯店》一書中，敘述了旅館經營的藍海策略案例。國賓大飯店曾由日本東急飯店引進「巨蛋麵包」，並強調一個蛋塔等於三碗飯，六個巨蛋麵包卻比一碗飯的熱量更低，以健康食品吸引死忠顧客並制定一個原則，即每天中午十二時出爐時，包括總經理在內的所有人員必須到門市排隊購買，每個一百元，一次只能買兩個。開始販賣時，每天限量兩百個，然後逐漸加量，每週增加一百個，直到日產量一千個爲止，每天兩次出爐，中午十二時，下午五時各賣五百個，居然使國賓飯店賺進三千萬元利潤，眞正達到「小兵立大功」的功能。此外，更有外賣的佛跳牆、滿月油飯、彌月蛋糕、滿月酒席的推廣策略，將餐飲顧客與酒店的關係多次運用，造成更大市場的互動。

13.圓山大飯店在陳水扁總統就職國宴上，特別擺脫傳統鮑魚、魚翅等高貴進口食材爲訴求，精心挑選台灣本土良材，不局限菜式的傳統口味，但求發揮食物的鮮美度，達到口感、風味俱佳的效果，因此更凸顯陳水扁來自台灣基層的政治號召，更發展台灣生態、資源豐饒的飲食文化要求。此外，更在食物菜餚命名方面別出心裁，以十道創意菜單爲例：

(1)鵝首稱慶（燻茶鵝、鮮帶子、蘆筍拼盤，寓含祝賀總統就職之喜）。

(2)游刃有魚（土魠魚羹，羹湯內紮實魚塊，是台灣最常見的小吃美食）。

(3)忍辱負重（咖哩蟹蓋，台灣盛產菜蟳，將蟹肉取出，佐上咖哩調味，盛裝於蟹蓋中，再焗烤將美味鎖住在蓋中，任重道遠）。

(4)羊梅吐氣（梅汁羊排，以岡山羊肉與南投梅子入菜，取揚眉吐氣之意）。

(5)大地回春（翡翠石斑，以菠菜醬汁將石斑魚的肥美鮮味呈現出來）。

(6)長長久久（美濃粄條，帶有在來米清香的Q勁，是一種實惠可口的主食）。

(7)光芒四射（芒果布丁，以台南盛產的芒果搭配香滑的布丁，風味絕佳）。

(8)如獲至寶（軟Q彈牙的九份甜品紅豆湯圓，在咀嚼時帶有芋頭碎末沙沙的滿溢芋香口感）。

(9)瓜果綿迭（關廟的鳳梨、台東的西瓜、林邊的蓮霧、花蓮的青香瓜等合組的水果盤）。

(10)風味茗品（古坑咖啡及阿里山高山茗茶）。

14.新加坡經過多年的努力，發展出一種特殊的「新亞洲料理」，其前菜為日式料理，主菜則以現代法式、中式、印度料理等前後呈現，甜點則又來自其他菜式。這種創意將各種優勢組合推出，非常令人耳目一新。如果沒有意外，這種新式嚐鮮的成功指日可待。

15.世界情況與時俱進，人的口味也會變化，歷年以來中國菜是歐美人士最愛的美食。但是這幾年來，流行健康養生、自然原味，使日本料理及泰國菜脫穎而出，漸漸成為西方人士的最愛，而中國菜則因為變化小、重口味而有調整的必要。

16.台灣的醫療水平非常卓越，對待患者的態度細緻貼心，尤其在整形、美容、健康檢查、做月子中心等各方面，讓世界最大的華人市場中國大陸，在同文同種易於溝通的優勢條件下，如同台灣富豪千里迢迢前往瑞士美容情況一般，使大陸的財富新貴對台灣的醫療觀光有更大的興趣。

17.馬來西亞檳城最近致力開發醫療觀光事業，主要以割雙眼皮、隆乳、抽脂等小型美容為主。其中最早引進此種業務的是一家「美麗假期公司」（Beautiful Holidays），它既非醫院，也不是旅行社，而是一家異業結盟的企業。當海外旅客還在本國時，先行接洽各種美容手術的詢價，並可經由電傳視訊或電話，和醫生討論手術細節，一旦旅客決定動身，「美麗假期」

便請旅行社代訂機票、派專人在機場接機。到飯店休息後，即到醫院進行手術，全程隨時噓寒問暖，提醒各種必要的注意事項。

18. 多數台灣人心中，泰國相對落後，但是對其周邊的越南、寮國、柬埔寨而言，卻是最近的進步國家，於是這些國家的富商、高官、世家，不論大小病痛都往泰國跑，而泰國也對這些外來的消費高檔人士，特別設置二十多種不同語言的專人翻譯，完全反映了泰國發展醫療觀光的企圖心。

第四節　國際會議的爭取

旅館的宴會廳能提供展示演出、節目企劃、宴席開會等功能。一般所謂的會議（Convention）大致可分爲兩種：一是由同業及性質相同之法人或個人爲會員的協會所辦的會議；其次是由企業組織所主辦，而其對象爲推銷人員或來往廠商的會議。前者稱爲Association Convention，而後者稱爲Company Meeting。

協會所舉辦的會議，七成參加者爲兩百人以下，但公司所主辦的會議，八成參加者爲一百人左右。這些會議不一定要在大型的旅館舉行，有許多中型旅館也努力爭取這些商務旅客，增加會議的生意。

自1950年旅館經營者才正式重視招攬各種會議在旅館內舉行。隨著現代社會活動日漸蓬勃，各種會議及宴會場所也迅速激增，因此許多旅館也開始注意爭取會議能夠在自己的旅館舉行，以增加營業收入。有些旅館的總收入之中，竟有一半來自會議及宴會的收入。

1963年開幕的紐約希爾頓大飯店是在美國眞正以會議型態出現的旅館，現今在美國利用率高的旅館，大多屬於會議型的旅館。

由於會議的召開，無形中也增加了旅館內客房部門及餐飲部門的收入。因此，對於渡假性旅館來講，利用淡季爭取會議生意已成爲當然之事。而大型的旅館爲了增加利用率及提高收入，也設有專任的會議推銷人員，努力爭取國際性的會議。

在美國開會的風氣盛行，由於人種衆多，爲統一各方面的意見，開會成爲彼此溝通意見的重要方法。此外，參加開會者的費用大多由企業組織負擔，而且航空公司或旅館對於參加者的眷屬都有特別優待的辦法。

美國的旅館收入當中有四分之一是來自開會的收入。例如全美餐飲協會在舉行年會時，同時舉辦貿易商展藉以推銷展覽會場內的展覽鋪位，而將其收益作爲協會基金。

會議的種類雖然有形形色色，但站在旅館的立場，毋庸諱言地，是希望能招攬消費金額頗多的會議。例如，消費額最多的首先應算是產業界的會議，因爲參加者的所得高，同時除了會議本身又會舉辦餘興節目、宴會、酒會、舞會等節目，自然會增加消費群；其次是醫生或律師的專業會議，然後是扶輪社及其他敦睦性的會議，這種會議的特色是次數多，較有固定性；最後是大學教授有關的研究會議，其他尙有勞工會或女性的會議、教育界等之會議。

總之，要成爲開會成功的旅館應具備下列條件：

1.旅館的建築必須具有會議型的外觀與規模。
2.旅館大廳內要有較寬的空間足以接待大量的會議參加者。
3.要有專設的會議場所，不要以宴會廳或餐廳臨時充當會議場所之用。
4.除大型會議廳外，應備有各種不同形式的小型會議廳。
5.客房內的設備要寬大，且備有沙發床，以便參加會議者能夠在房內聚談小歇。
6.旅館應設有專人負責會議的業務，如服務經理或會議協調人員。

7.旅館除了備有一般旅客用的宣傳摺頁外，更應齊備專爲舉辦會議之詳細目錄，外表美觀、內容豐富、圖文並茂，包括會議場所之照片、平面圖及詳細說明。

8.經常與爭取國際會議之最有力機構——國際會議局——取得密切聯繫，以便獲得開會的最新情報。

第五節　「互聯網+旅遊業」旅館行銷新平台

傳統旅館經營最重視客房住用率，以100間客房旅館而言，若某日住用65間客房時，將其客房住用率稱爲65%，當然越高越好，當它爲100%是就稱爲客滿。

由於每週一到週四經常無法有較高住房率，週五到週六經常生意較好，到了週日晚上的住房又恢復到淡季，因此平均而論，一週的旺季只有兩個晚上，幾乎每家旅館都無法解決這個必然的現象。

一、「互聯網+旅遊業」的新商業模式

個人以近四十年的旅館管理體驗，再經由大陸2015年李克強總理「互聯網+」傳統產業的移動網路新思維理論的啓發，感悟出一個「互聯網+旅遊業」的新商業模式。茲論述如下：

透過筆者擔任執行長的Co-Smart系統（互聯網+）平台以「優惠券促進經濟復甦」理論，讓互聯網幫旅館能夠賺回20%以上房租最低保本收入。

(一)旅館的經濟特性

1.客房商品具有時效性無法儲存，由於每日結帳計價，到了明天，今天的客房就成了爛水果沒有收入，而且客房數量沒有彈性。

2.飯店所在地點無法更動。

3.旅館若為自有建築，投資成本高，經營應靠開源、節流同時並進。

4.一般小型旅館住宿，房客除了早餐外，餐飲使用機會低，小旅館因無利可圖幾乎不提供餐飲消費。

5.季節波動大：平日與週末假日住宿比例相差太大。

(二)到台灣旅遊團體旅客的紅海——危機與商機

1.許多參加台灣旅遊的大陸旅行團遊客經常提及，目前最好的吸引力只剩下台灣的人情味，整個旅遊環境只有旅客支付了五星級費用，業者提供三至四星級旅館，四星級的擁擠觀光景點，以及猶如宰羊的購物行程。

2.兩岸交流帶給台灣更多的旅遊人口，現在陸資與台灣大資金財團的「兩岸巨鱷」相互持股，「一條龍的旅遊壟斷」商業模式本也無可厚非，卻迫使台灣的中小型旅館越來越難生存，家家愁容以對，一愁莫展。請問台灣還有明天嗎？同業憂心如焚，苦無良策！

(三)現有國際自由行訂房網站與旅館互動關係的盲點

1.現有飯店或自由行旅客多經由Agoda、Trivago等國際訂房網站入住旅館，飯店除了支付高額佣金外，當房客離店後所有關係基本消失，房客入住後旅館無法及時深化與旅客雙方的關係。

2.委託的飯店經營盈虧與訂房中心無關，對方更不會關心房客住宿是否滿意，這種只有互相利用的經營模式大賺台灣的行銷財，卻無法幫助企業成長改進。

(四)台灣旅遊市場2015年以後新趨勢

自2015年10月以後陸客來台人數將銳減近五成，各觀光飯店2015年1～9月經營均未達目標，而且2016年開始五星級旅館又增加近30%客房供應量。將有更多三、四星級飯店面臨新客房淡季低價的衝擊。

(五)創新生財思維——以優惠券促進經濟復甦

1.增加節流（幫助旅館回收20%保本收入）＋提供該飯店新網友會員房客刷卡消費，以便將房客在飯店內相關其他消費做利益拆帳分配。

2.減少空房率：客房當天沒房客就是損失。帶動旅館及其他旅遊供應鏈異業結盟：如土特產品等產業合作，增加「文創產品」使其他業外收入逐漸成爲主流。

3.比照「天天辦旅展」模式，印製優惠券與Co-Smart@iTour中華愛旅網合作，將資源互換以號召萬商跨業聯盟網路系統網友入住飯店。

4.運用兩種國內「帳務清算裝置」及「帳務清算系統及其方法」專利，負責將每項交易利潤及時分拆到各個分配利益者的帳上。

5.飯店在沒有花費額外的業務人員及行銷費用下，卻可以平白增加了更多不曾來過本飯店的新房客（不含飯店內餐飲消費）。

二、互聯網＋新觀念

經由提供旅館及旅遊供應鏈的貢獻者可分配之利益如下（**圖9-1**）：

1.旅行社的收入。

2.旅館的收入（不含餐飲）。

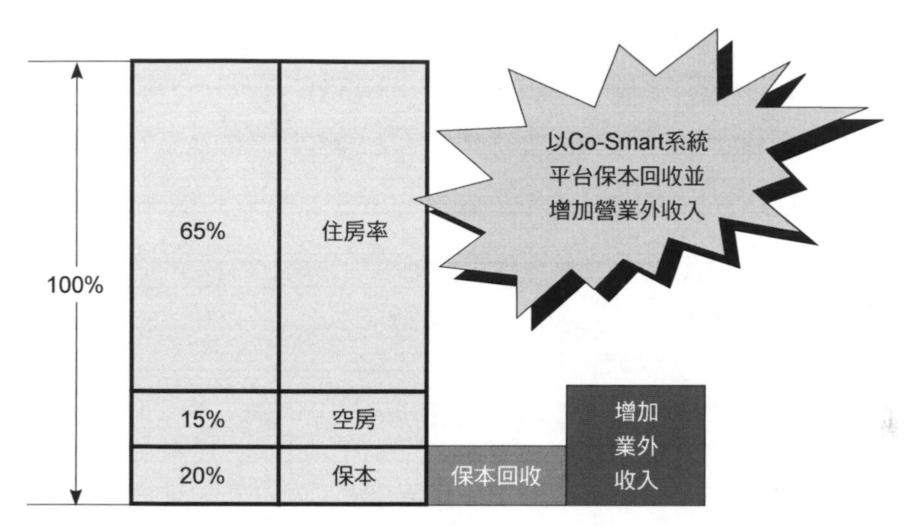

圖9-1　Co-Smart系統平台創新生財方式

3.伴手禮、文創品店家的收入。

4.導遊的收入。

5.旅客其他刷卡的收入。

6.電視購物服務的收入。

各項貢獻基礎建立在，旅客能夠體驗珍惜的台灣特產——親切的人情味、童叟無欺的品質，心甘情願地消費。

爲了提高各飯店之服務品質，我們呼籲簽約飯店能多方啓用，通過中華民國旅館經理人協會正在推動的CHM旅館管理認證之專業人員，以便對房客彰顯殷勤接待的服務熱忱。

三、Co-Smart@iTour訂房網站實務作業方式

爭取一家旅行社招募五十家旅館建立一群組爲原則，3,000～1,500元間，3,000、2,500、2,000、1,500元等四組房價以散客售價平均值爲準，由審定小組認定，相同價位飯店編入同一群組（每一張優惠券均

印有分散在台灣北、中、南、東各地區四家相同收費等級飯店，可由網友房客自行選一家飯店預約入住）。以3,000元散客價之飯店族群爲例，房客一次使用一張券，當刷卡入住時，飯店即有600元（20%現金入帳，可由現場系統確認）。

1.房客向飯店電話預約先取得電腦通關密碼，再持會員卡與優惠券雙證件辦理Check In入住，飯店刷卡時系統自動以20%房價入帳。
2.若僅持會員卡入住時，另定VIP特價優待（客房基本6折）。

爲了保障旅館安全取得帳款，請飯店支付唯一成本——一套刷卡機與條碼防僞設備5,680元，可分兩個月付清（3,000元+2,680元）。

四、結論

大陸出版的《雲戰略》一書，統計了大陸企業的發展時間——從0元做到新台幣330億元（USD10億元）所需時間：

1.傳統企業時代：平均十五年。
2.PC互聯網時代：平均五年。
3.移動互聯網時代：平均二年。

馬雲團隊創造的雙11光棍節，2015.11.11當天，天貓有新台幣4,560億元（人民幣912億）營業額，點購商品最高峰時段竟然是清晨4點到7點——你我睡覺的時間。

共用經濟先行者Airbnb的預估市值260億美元，超越老牌的萬豪（Marriot）酒店集團。

Uber的出租轎車新思維預估市值2014年可以高達500億美元，成爲通用汽車GM既愛又恨的通路對手。

以上案例印證了馬雲所說的：互聯網＋傳統產業的革命已經來臨！

緣分就是顧客，沒有新顧客就沒有新未來！
你若有緣，就能早點成為贏家。
你若看不起，就只能在家獨守空飯店。
繼續看不起就永遠來不及。（你已經被淘汰了！）

旅遊新獲利趨勢不會等所有的人都準備好的時候才來，而奇蹟的發生，總是存在於傳統思維懷疑與裹足不前的時候。

專欄　假日旅館系統的經營之道

凱蒙斯・威爾遜（Kemmons Wilson）1913年生於美國阿肯色州的奧斯塞拉城。他於1952年建立了第一家假日旅館，到1989年底，他已使假日公司擁有、經營或簽有特許經營合約的旅館共達1,606家，客房總數320,599間，分布在全球五十二個國家。這個數字幾乎相當於緊排在它後面的三個世界大旅館集團——喜來登、華美達與希爾頓旅館公司客房數的總和。假日公司的雇員數已經超過了二十萬。上海銀星假日賓館及馥敦飯店是它的成員之一。

凱蒙斯・威爾遜先生在三十多年的時間裡，不但使一個僅有幾家路邊汽車旅館的假日公司發展成為世界上最大的旅館集團，把當時聲譽低下、設施簡陋的汽車旅館變成了一個受一般大眾喜愛的家外之家，而且也使他的名字在1969年倫敦《星期日泰晤士報》開列的二十世紀名人錄上，與邱吉爾和羅斯福齊名。

威爾遜先生的成功經驗主要有以下四點：

一、出售特許經營權（franchise）

1952年威爾遜先生從銀行借了三十萬美元，建立了第一家假日旅館。1953年就開始銷售假日旅館的特許經營權。當時有四個人買了假日旅館的特許經營權。每份特許經營權的讓渡費是五百美元，在開業後再付專利費與廣告費，分別按每出租一間客房每夜提撥專利費美元五分及廣告分攤費用美元兩分。

出售特許經營權，是指某一旅館公司與另一企業或個人簽訂合約，同意該企業或個人使用這一旅館公司的名字和管理標準來經營管理他們自己的飯店。而旅館公司對已獲得特許經營權的企業在其旅館選址、開業、人員培訓及促銷和經營等方面提供諮詢。為了獲得這一特許經營的權利，獲得者要先付一筆費用，然後再根據經營收入按期交納一定比例的專利權。一般情況下，特許經營權的出售者不負責籌集旅館建造的資金。同時，特別在國外，特許經營方式不會因東道主國家政策的突然變化而蒙受嚴重的損失。

在1960年代，由於假日公司經營成功，許多人申請購買它的特許經營權。這時，假日旅館公司為特許經營的購買者提供除了土地外幾乎所有其他旅館開業所必需的服務。假日旅館公司首先提出幾種可供選擇的設計方案。然後按選定的方案建造旅館，生產並運輸所需的家具。開業後，假日旅館公司的中央採購網還供應香皂、毛巾、紙品以及加工的食品，標準統一，價格低廉。當然最重要的是提供系統的經營方法和管理制度。

到1970年代初，假日旅館公司每年要接到一萬多份特許經營權的申請書，但只有兩百多份獲得批准，其中大部分申請者又是已經經營假日旅館並證明是經營成功的企業家。土地費與旅館建造費完全由特許經營購買人籌集，他們一般自籌總資本的四分之一到三分之一，而其餘部分向銀行、保險公司或抵押貸款公司借款。獲得特許經營權的旅館要比獨立的旅館擁有者容易借貸，因為他們有假日公司做後盾，聲譽好，風

險少。假日旅館公司的特許經營權的售價也愈來愈高。我們知道，1953年它的第一批客户，僅付給它五百美元，而到了1957年，漲到了一千美元，1970年代以後，又猛漲到一萬五千美元。另外，每一百間客房要再增加一百美元，還需支付兩千五百美元的假日旅館標誌費，每月每個房間交三美元的客房預訂系統使用費，按每間客房出租一夜次收入的1%交納培訓費，1%交納廣告費，1%交納推銷事處費和其他費用。上述特許經營權費用總計大致相當於這一旅館客房收入的6%，在這時，假日旅館公司自己擁有的旅館數僅占全公司旅館數的15%，而剩下的85%都是特許經營的旅館。可見特許經營權的出售獲利甚豐。

二、不斷改善自己的電腦預訂與訊息系統

最初，每一假日旅館為住在自己飯店的客人代打電話預訂下一站的假日旅館，長途電話費由客人自己支付。1965年假日旅館系統建立了自己獨立的電腦預訂系統Holidex I，到1970年代它又被更加先進的Holidex II系統所取代。透過Holidex II系統，在每一個假日旅館裡，都可以隨時預訂任何一個地方的假日旅館，並且在幾秒鐘之內得到確認，而且這一切都是免費的。

三、標準化管理與嚴格的檢查控制制度

假日公司要保持它在全球的每一家假日旅館的服務標準的統一，這是十分不容易的。假日公司為此編印了《假日旅館標準手冊》，每一旅館持有一本，每一本都有編號，嚴格保密。該手冊對假日旅館的建造、室內設備和服務規程都做了詳細的規定，任何規定非經總部批准不得更改。如假日旅館的客房，必須有一張書桌，一張雙人床，兩把安樂椅，床頭上有兩盞一百瓦的燈，要有一台電視機和一本《聖經》。該手冊甚至對香皂的重量和火柴的規格都有具體的要求。

為了保證該手冊中的各項規定確實被很好地實施，假日公司還有嚴格的檢查控制制度。自1970年代初始，假日公司就有一支由四十人組成的專職調查隊。每年對所屬各旅館進行四次抽查。抽查的項目有五百多項，滿分為一千分。如果檢查結果不到八百五十分者，予以警告，並限定在三個月內進行改正。第二次檢查時對上次指出的但仍未改正的毛病，加倍罰分，同時再給一定時間改正。如果仍不能在規定時間內達到標準，對公司所擁有的旅館就解僱經理，對特許經營的旅館，就將情況報告給公司特許經營持有者的機構，即國際假日旅館協會（International Association of Holiday Inns），由它發布收回假日旅館標誌和從假日旅館系統除名的決定。每年被開除或解除特許經營合約的旅館大約有三十多家。

四、千方百計地降低成本

假日公司供應部為各旅館進行集體採購，自然要比由每一旅館單獨採購便宜很多。為了減少整燙費用，假日公司購買了不起皺的床單。地毯不用昂貴的，但三、四年一換，保證乾淨完好。它又要求服務員把小香皂蒐集起來磨碎，製成清洗地板的清潔劑。假日公司還採用節能鑰匙節約能源，客人進客房只有把節能鑰匙插入門側小槽中，客房電源才會接通。離房時，將鑰匙從小槽中拔出，除了有專用線的電冰箱外，其他電源都會自動切斷。這樣做不僅降低了耗電，而且還延長了燈泡、燈管及電視和空調等電器的使用壽命。

威爾遜先生的著名格言是：「當你想到一個主意的時候，你應該努力去尋找實現它的理由，而不應該去尋找不去實現它的藉口。」威爾遜先生作為一名國際著名企業家，從爆玉米花到成為住宅建造商，到以後成為假日公司的創始人，一生充滿了開拓與創新精神。

資料來源：楊長輝（1996）。《旅館經營管理實務》。台北：揚智文化。

自我評量

1.旅館開幕前二十四個月的行銷活動是什麼？

2.旅館正式開幕與未來的旅館行銷計畫包括哪些項目？

3.請說明觀光局每年舉辦的台灣十二項大型的慶祝活動。

4.如果你是旅館的企劃人員，你會推出哪些促銷專案？

5.請解釋什麼是會議（Convention）？

6.以旅館的立場來說，會議的種類有哪些？

7.要成為開會成功的旅館，應具備哪些條件？

8.簡述假日旅館經營者威爾遜先生的成功經驗有哪四點？

第六篇
財務管理

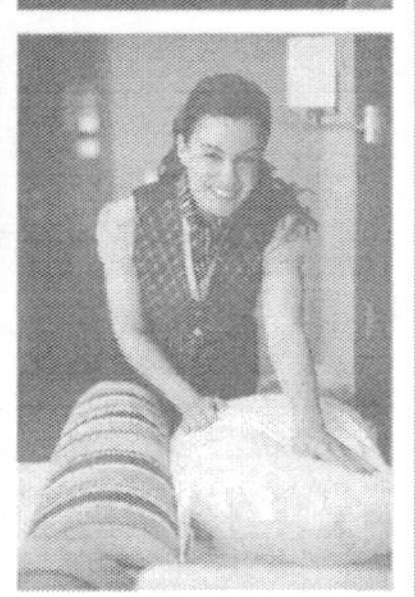

第十章 觀光旅館會計制度

- 旅館會計功能及特性
- 美國觀光旅館會計制度
- 我國觀光旅館會計制度
- 中國大陸會計制度
- 專欄——喜來登（**Sheraton**）成功之道

1920年美國經濟蓬勃，企業家投資興建旅館，其後旅館產業規模日漸擴大，投資者對旅館業本身要求正確的業績報告，因此，紐約旅館協會在1925年召集各界專家成立「旅館會計準則制定委員會」，制定一定的旅館會計準則，作爲處理會計事務的原則與方法。1928年康乃爾大學德斯教授及荷華士會計師共同出版了《旅館會計》一書，此書可謂旅館會計的聖經。著名的L. K.荷華士爲餐旅專業的會計師，與哈里斯及卡福斯塔公司爲處理旅館會計事務的專家。

目前台灣各旅館所採用的會計制度，是將一般商業會計制度加以修改應用的。

會計的目的乃是向投資者、債權人或報表使用者提供眞實且完整的會計訊息，以作正確的決策。旅館業者與其他企業投資者一樣，當處理會計事務時，須遵守會計的基本原則，根據明確的會計報告，作出正確的分析與預測。稅法則是以課稅爲目的，根據經濟合理、公平稅負的原則，確定一定時期內納稅人應交納的稅額。

企業向外提供的報表包括：(1)資產負債表；(2)利潤表；(3)現金流量表；(4)資產減値準備明細表；(5)利潤分配表；(6)股東權益增減變動表；(7)分部報表；(8)其他有關附表。這些報表中，資產負債表、利潤表和現金流量表是主表，其餘是附表，有的報表是年度報告需提供的，有的是中期報告需提供的。

第一節　旅館會計功能及特性

旅館會計的目的在報告一定期間之財務狀況，並加以分析經營得失，提供投資者與經營者作企業改善之參考。

旅館會計乃是旅館管理的一項重要工具，一家旅館經營管理之優劣，完全取決於其會計工作之質量。一般而言，旅館會計管理爲一專業的學問。通常一家經營完善的旅館，其經營者必定懂得如何控制成本，而擬定一套合適的財務管理制度，以掌握整體財務動態。

一、旅館會計的功能

旅館會計的功能包括下列三項：

(一)報告的功能

旅館均會設計不同性質的財務、會計等相關報表，經營者由各部門填寫的各式報表的數據中，可知企業的經營狀況。

(二)管理的功能

經營者應該將旅館經營活動的數字加以研究分析，旅館的營業收益與同業相比較，作爲預算與收入的目標。良好的財務與成本管理、控制費用，方能使企業增加利潤，不致虧損。

(三)保全的功能

旅館的經營爲使一切交易皆能正確無誤，必須有健全的會計審核與稽核制度，進而能防止營業上的弊端及避免財務的損失，會計的功能即將營業活動完整記錄，可供隨時加以核查。

二、旅館會計的特性

旅館各部門業務的收入與支出處理方式不同，對於客房、餐飲收入的查核及應收帳款的催繳，必須作適當的處理。茲將旅館會計的特性分述於下：

(一)旅館交易複雜性

旅館營業交易繁多，包括各種不同的房租與收入，且付款的方式不一，必須用最迅速的方法加以處理。

(二)旅館帳目內容種類多

旅客消費內容包括房租、餐飲、打電話、洗衣、代購車票、停車事項等，須逐筆登錄。

(三)核查準確

旅館各部門的交易，須詳細記錄，以供稽核人員查核，且旅客的帳目總數必須與各單位帳目總收入相符。

(四)交易連貫性

旅客住進旅館即先被安置在客房，其後在旅館內的消費，包括房內用餐、洗燙衣物、餐廳用餐、酒吧飲酒、兌換外幣、買香菸、打電話、寄郵件等一連串的交易，都在旅客住宿期間發生。旅館櫃檯人員須登記旅客姓名資料並設立帳戶，旅客住宿期間所消費的金額，詳加記錄並輸入電腦，以方便遷出結帳作業。

(五)折舊的處理必須愼重

旅館的設備項目數量多，折舊年限應估計恰當，須逐項列出使用年限，與一般財產的處理方法不同。旅館固定資產折舊分爲基本折舊和大修理折舊兩個部分。

(六)應收帳款每天持續發生

住客的房租、館內一切消費，旅館會計部門須每日結算，旅客如仍續住，則該筆消費於翌日就成爲應收帳款。若平均收款期越短，則應收帳款回收工作效率越高。

(七)旅館固定資產與固定費用較其他行業高

投資總額約80%以上投資在土地、建築物及各種設備，因此，固定資產成本占總投資比例及費用均偏高。

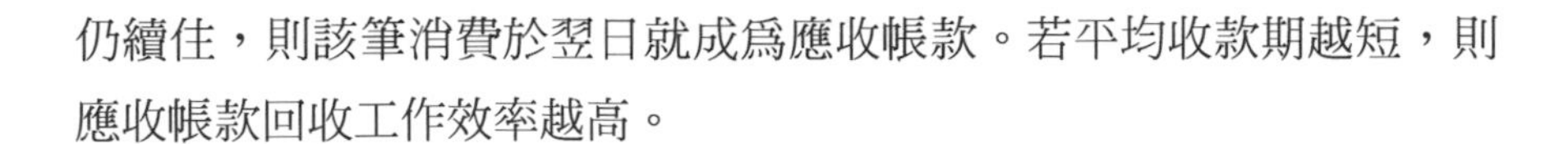

第二節　美國觀光旅館會計制度

1926年紐約市觀光旅館協會編印《旅館統一會計制度》（*Uniform System of Accounts for Hotel*）一書，美國旅館業會計制度以此書爲藍本。書的內容爲提供旅館會計科目的分類及計算盈餘或虧損的標準方式，以確立旅館利益計畫爲出發點，賦予各部門應達成的利益目標，此一制度的重點乃在加強各部門的利益管理。

首先必須根據旅館的設備投資、償還借款等資料來設定旅館的利益目標，由各部門主管負責達成，爲實現所預期的利益目標，各部門主管必須有銷售與成本的基本概念，由於採用統一會計科目，同業間經營效率的比較，促使以更客觀的立場加強經營能力。

利益管理的內容如下：

1.應收帳款的管理：根據每一顧客應收帳款的資料，製作應收帳款日報表，在月底製作請款單及應收帳款餘額表，以防止壞帳的發生。
2.應付帳款的管理：旅館所採購的材料如食物、生鮮物品、瓶罐類及布巾類、旅館備品等，種類繁多，根據採購日報表，製作應付帳款餘額表，益於建立付款及資金週轉計畫。

3.庫存品的管理：根據倉庫發出的材料資料，作爲各單位部門製作損益計算的資料。

4.銷售分析管理：根據銷售資料，製作各部門及各項目的銷售分析報表，由此報表可洞悉各部門的日計、累計銷售額及占總收入的百分比率，以考核各部門的業績，採取好的對策，作業務的推廣。

5.財務管理：根據收支傳票及轉帳傳票，來製作損益表、現金流量表、餘額試算表等財務報表，以明瞭旅館的財務狀況。

美國旅館統一會計制度可按各旅館之規模與組織的不同，修改爲適用於任何一家旅館，且善用旅館管理系統（Hotel Computer System），加強管理，提高服務品質，以達到旅館的現代化管理。

美國旅館業的收入與支出結構，如**表10-1**及**表10-2**。

表10-1　美國旅館業收入結構

年份 比率（%） 項目	2007年	2008年
客房出租		
食品銷售		
飲料銷售		
租金和其他經營收入		

資料來源：參考自何建民（1994）。《現代賓館管理原理與實務》。上海：外語教育出版社。

表10-2　美國旅館業的支出結構

項目 \ 比率（%） \ 年份	2007年	2008年
工資和有關費用		
部門費用		
食品成本		
飲料成本		
財產稅和保險費		
利息支出		
折舊		
能源成本		
行政管理費		
管銷費用		
財產管理維修費		

資料來源：參考自何建民（1994）。《現代賓館管理原理與實務》。上海：外語教育出版社。

第三節　我國觀光旅館會計制度

旅館會計與任何其他企業在處理會計事務時一樣，應遵守會計的基本原則去處理企業及其商業行爲。每一家旅館所要求的重點，必須能夠適應於各種不同利害關係者的需要，才能稱爲完整的會計制度。

一、會計科目及編號

1979年台北市觀光旅館同業公會邀請十五家觀光旅館的會計主管，成立中華民國觀光旅館統一會計制度研究委員會，參考商業會計法、各行業統一會計制度、稅務法規及美國觀光旅館統一會計制度，於1984年5月編輯完成「中華民國觀光旅館統一會計制度會計科目草案」，茲將會計科目及編號介紹如**表10-3**。

表10-3　會計科目及編號表

會計科目及編號			
1	資產	2	負債
11	流動資產	21	流動負債
1101	庫存現金	2101	銀行透支
1102	銀行存款	2102	短期借款
1103	週轉金	2103	應付票據
1104	有價證券	2104	應付帳款
1105	應收票據	2105	應付費用
1105-1	備抵呆帳—應收票據	2106	應付股利
		2107	預收款項
1106	應收帳款	22	長期負債
1106-1	備抵呆帳—應收帳款	2201	長期借款
		23	其他負債
1107	應收收益	2301	存入保證金
1108	其他應收款	2302	應付保證票據
1109	存貨	2303	代收款
1110	預付款項	2304	暫收款項
12	企業投資	2305	銷項稅額
1201	企業投資	2306	應付稅額
13	固定資產	24	營業及負債準備
1301	土地	2401	員工退休金準備
1301-1	土地賦稅準備		
1302	建築物		
1302-1	累計折舊—建築物		
1303	器具及設備		
1303-1	累計折舊—器具及設備		
1304	客房設備		
1304-1	累計折舊—客房設備		
1305	餐飲設備		
1305-1	累計折舊—餐飲設備		
1306	運輸及通訊設備		
1306-1	累計折舊—運輸及通訊設備		

1307　租賃設備
1307-1　累計折舊—租賃設備
1308　未完工程
1309　雜項設備
1309-1　累計折舊—雜項設備
14　遞延資產
1401　開辦費
1402　未攤銷費用
15　其他資產
1501　存出保證金
1502　存出保證票據
1503　商譽
1504　暫付款項
1505　進項稅額
1506　未分攤進項稅額
1507　累積留抵稅額
1508　應收退稅額
5　支出
51　營業成本
5101　客房成本
5102　餐飲成本
5103　遊樂設施成本
5104　洗衣成本
5105　其他營業成本
52　營業費用
5201　員工薪津
5202　租金支出
5203　文具印刷費
5204　旅運費
5205　郵電費
5206　修繕費
5207　廣告費
5208　水電費
5209　保險費
5210　交際費
5211　捐贈
5212　稅捐
5213　呆帳損失
5214　折舊及耗竭

3　淨值
31　資本
3101　股本
3101-1　減：未收股本
32　公積及盈虧
3201　資本公積
3202　法定公積
3203　累積盈餘
3204　前期損益
3205　本期損益
4　收入
41　營業收入
4101　客房收入
4102　餐飲收入
4103　遊樂設施收入
4104　洗衣收入
4105　其他營業收入
42　營業外收入
4201　利息收入
4202　投資收益
4203　出售資產利益
4204　盤存盈餘
4205　其他營業外收入

5215	各項攤提
5216	職工福利
5217	燃料費
5218	服裝費
5219	洗滌費
5220	雜費
53	營業外支出
5301	利息支出
5302	投資損失
5303	出售資產損失
5304	盤存虧損
5305	其他營業外支出

二、觀光旅館報表製作標準格式

茲將觀光旅館各式財務報表標準化，列表如**表10-4**～**表10-9**。

觀光旅館報表製作標準格式

交通部觀光局為統一各觀光旅館報表格式，於二〇〇一年頒布本營運資料表格規範，使各式財務報表得以標準化，茲表列於後：

1.損益表
2.資產負債表
3.繳納稅捐總計及職工人數

觀光旅館業＿＿＿＿＿＿＿＿蓋章

負　責　人＿＿＿＿＿＿＿＿蓋章

填　表　人＿＿＿＿＿＿＿＿蓋章

資料來源：交通部觀光局

填表須知

一、填表前請詳閱本須知。
二、科目說明：
1.客房收入：指客房租金收入，但不包括服務費（service charge）。
2.餐飲收入：指餐廳、咖啡廳、宴會廳及夜總會等場所之餐食、點心、酒類、飲料之銷售收入，但不包括服務費。
3.洗衣收入：指洗燙旅客衣服之收入。

4.店鋪租金收入：包括土產品店、手工藝商店、理髮、美容室、餐廳、航空公司櫃檯等營業場所之出租而獲得之租金收入。
5.附屬營業部門收入：包括(1)游泳池、球場、停車場之收入；(2)自營商店之書報、香菸、土產品、手工藝品等銷售收入；(3)自營理髮廳、美容室、三溫暖、保健室等。
6.服務費收入：指隨客房及餐飲銷售而收取之服務費收入，但不包括顧客犒賞之小費（Tip）。如服務費收入以代收款科目處理者，仍將金額填列本科目。
7.其他營業收入：包括(1)電話費、電報費、傳真費；(2)佣金及手續費收入，例如代售遊程（Tour）而獲得之佣金、收兌外幣而獲得之手續費、郵政代辦或郵票代售之佣金收入。
8.營業外收入：包括利息收入、兌換盈餘、出售資產利得、理賠收入、投資收入、其他。
9.薪資及相關費用：包括職工薪資、獎金、退休金、伙食費、加班費、勞健保費、福利費等。凡將服務費收入分配與職工者，應將分配金額併入本科目內。
10.餐飲成本：指有關餐食、點心、酒類、飲料等直接原料及運雜費支出。
11.洗衣成本：凡供洗燙衣物所需之原料及藥品等支出。
12.其他營業成本：凡不屬於薪資、餐飲成本及洗衣成本之直接成本均可列入。
13.燃料費：包括鍋爐油料及瓦斯、煤氣等費用支出。
14.稅捐：包括營業稅（連同附徵之印花稅及教育經費）、房屋稅、地價稅、汽車牌照稅、進口稅捐等。
15.廣告宣傳：為擴展業務，促進銷售的宣傳活動費、報刊廣告費、出版宣傳手冊等費用。
16.其他費用：郵票、香菸成本、電報、電話費、律師費、會審費、清潔消毒費、刷卡手續費。
17.營業外支出：利息支出、報廢損失、財產交易損失、兌換損失、佣金支出、短期未實現損失。
18.應收款項：應收帳款、應收票據、其他應收款。
19.預付款項：包括預付費用、用品盤存、預付貨款、其他預付款。
20.流動資產—其他：包括週轉金、暫付款、股東往來、同業往來、應收土地款、進項稅額、其他。
21.其他資產：包括定期存款、長期投資、預付設備款、租賃權益改良、存出保證金、開辦費、未攤銷費用、代付款項、遞延費用、退休成本、基金、其他。
22.短期借款：包括銀行透支、銀行借款、其他短期借款。
23.應付款項：包括應付票據、應付帳款、應付費用、應付稅捐、應付股利、應付員工年終獎金、應付員工績效獎金、其他應付款。
24.預收款項：包括預收貨款、其他預收款。
25.流動負債—其他：包括暫收款、股東往來、同業往來、代收稅款、銷項稅額、其他。
26.其他負債—其他：包括代收款、外幣債務兌換損失準備、內部往來、其他。

表10-4　損益表

自○○年1月1日起
至○○年12月31日止

單位：新台幣（元）

科目	小計		合計		%
1.營業收入（2.～9.合計）					
2.客房收入					
3.餐飲收入					
4.洗衣收入					
5.店鋪租金收入					
6.附屬營業部門收入					
7.服務費收入					
8.夜總會收入					
9.其他營業收入					
10.營業支出（11.～25.合計）					
11.薪資及相關費用					
12.餐飲成本					
13.洗衣成本					
14.其他營業成本					
15.電費					
16.水電					
17.燃料費					
18.保險費					
19.折舊					
20.租金					
21.稅捐					
22.廣告宣傳					
23.修繕維護					
24.其他費用					
25.其他支出					
26.營業利益（1.減10.）					
27.營業外收入（28.～29.合計）					
28.利息收入					
29.其他收入（包括：　）					
30.營業外支出（31.～33.合計）					
31.利息支出					
32.其他損失（包括：財產交易損失）					
33.其他支出（包括：佣金友出）					
34.本期稅前盈虧（26.加27.減30.）					

獲 利 率：＿＿＿＿＿＿％
稅後盈虧：＿＿＿＿＿＿

資料來源：交通部觀光局。

表10-5　資產負債表

○○年12月31日止

單位：新台幣（元）

資產	金額		%	負債及淨值	金額		%
流動資產				流動負債			
現金				短期借款			
銀行存款				應付款項			
有價證券				預收款項			
應收款項				其他			
存貨							
預付款項				長期負債			
其他				長期借款			
				其他			
固定資產				其他負債			
土地				土地增值稅準備			
房屋及設備				存入保證金			
減：折舊準備				其他			
器具及設備				負債總額			
減：折舊準備							
運輸及通訊設備							
減：折舊準備				資本			
雜項設備				公積及盈虧			
減：折舊準備				資本公積			
未完工程				法定公積			
				特別公積			
其他資產				累積盈餘			
				本期損益			
				增值準備			
				淨值總額			
資產總額				負債及淨值總額			

投資報酬率：＿＿＿＿＿＿＿＿％

資料來源：交通部觀光局。

表10-6　〇〇年繳納稅捐總計表　　　　單位：新台幣（元）

科目	金額		備考
營業稅			
地價稅			
房屋稅			
汽車牌照稅			
進口稅捐			
其他稅捐			
小計			
營利事業所得稅			
代徵娛樂稅及教育稅			
總計			

中華民國〇〇年職工人數

客房部門平均員工人數 ________________ 人

餐飲部門平均員工人數 ________________ 人

夜總會部門平均員工人數 ________________ 人

管理部門平均員工人數 ________________ 人

其他部門平均員工人數 ________________ 人

合計平均員工人數 ________________ 人

資料來源：交通部觀光局。

表10-7　○○年客房部門損益表

自○○年1月1日起 至○○年12月31日止			
科目	金額		%
1.客房收入			
2.客房成本（3.～13.合計）			
3.薪資及相關成本			
4.洗衣用料費（床巾、床單等）			
5.客房消耗用品費			
6.電費			
7.水電			
8.折舊費			
9.稅捐			
10.保險費			
11.廣告宣傳費			
12.修繕維護			
13.其他費用			
14.盈虧（1.減2.）			

資料來源：交通部觀光局。

表10-8　〇〇年餐飲部門損益表

自〇〇年1月1日起 至〇〇年12月31日止			
科目	金額		%
1.餐飲收入			
2.餐飲成本（3.～13.合計）			
3.薪資及相關成本			
4.洗衣用料費（餐巾等）			
5.餐飲材料費（food cost、beverage cost）			
6.電費			
7.水電			
8.折舊費			
9.稅捐			
10.保險費			
11.廣告宣傳費			
12.修繕維護			
13.其他費用			
14.盈虧（1.減2.）			
餐飲部門總樓地板面積：＿＿＿＿＿＿＿＿＿＿坪（不含廚房面積） 餐飲用餐人數：＿＿＿＿＿＿＿＿＿＿人			

資料來源：交通部觀光局。

表10-9　○○年夜總會部門損益表

自○○年1月1日起 至○○年12月31日止			
科目	金額		%
1.夜總會收入			
2.夜總會成本（3.～14.合計）			
3.薪資及相關成本			
4.洗衣用料費（餐巾等）			
5.夜總會消耗用品費			
6.電費			
7.水電			
8.折舊費			
9.稅捐			
10.保險費			
11.廣告宣傳費			
12.修繕維護			
13.樂團樂師費			
14.其他費用			
15.盈虧（1.減2.）			

資料來源：交通部觀光局。

第四節　中國大陸會計制度

1992年及1993年中國大陸先後頒布了「企業財務通則」及「企業會計準則——基本準則」和分行業的財務和會計制度，簡稱為「兩則兩制」。

兩則兩制實施以來，中國的經濟形勢發生了很大的變化，逐步形成了以公有制為主體、多種經濟成分共存的格局，可以說兩則兩制是市場經濟發展的需要而產生的。

兩則兩制是應國家法律、行政法規的要求而制定的，為了保證會計資料的眞實、完整，必須制定統一的會計核算制度，規範會計行為。兩則兩制的實施，建立了六大會計要素，統一會計記帳方法，改資金平衡表為資產負債表等。

兩則兩制是實現會計標準國際化的需要而產生的，由於加入世貿組織參與國際化的經濟，中國大陸的會計標準須與國際會計慣例一致。另外，中國大陸已加入國際會計師聯合會，作為國際會計準則委員會的觀察員，因此需要與國際會計準則進一步的協調。

企業具體進行會計核算時，其基礎工作是遵循「中國人民共和國會計法」、「會計基礎規範」和「會計檔案管理辦法」的規定執行。

會計憑證包括原始憑證和記帳憑證，會計機構、會計人員應根據審核無誤的原始憑證填製記帳憑證。

會計帳簿包括總帳、明細帳、日記帳和其他輔助性帳簿。

會計檔案是指會計憑證、會計帳簿和財務報告等會計核算資料，是記錄和反映單位經濟業務的重要史料和證據。

會計主體是指會計訊息所反映的特定單位，它規定了會計核算的空間範圍，為日常的會計處理提供了依據。

會計分期建立在持續經營的基礎之上。會計期間分年度、半年度、季度和月度。年度是自每年1月1日至12月31日止。

企業記帳方法有單式記帳法和複式記帳法兩種，企業會計制度規定，企業的會計記帳採用借貸記帳法，是以借、貸爲記帳符號，記錄會計要素增減變動情況的一種複式記帳法。借貸記帳法的記帳規則爲有借必有貸，借貸必相等。

企業在會計核算時，應當遵循下列基本原則：

1.衡量會計訊息質量的七大原則：客觀性、實質重於形式、相關性、一貫性、可比性、及時性和明晰性。
2.確認和計量的四大原則：權責發生制、配比原則、歷史成本原則、劃分收益性支出與資本性支出原則。
3.會計核算修正調整的兩個原則：謹愼性原則與重要性原則。

一、中國大陸會計要素分類

中國大陸會計要素分爲六大類：資產、負債、所有者權益、收入、費用和利潤，其中資產、負債、所有者權益是反映企業在某一點財務狀況的基本要素，收入、費用與利潤則是反映企業在某一時期經營成果的基本要素。

(一)資產

資產即由企業所擁有或者控制的資源，並能爲企業帶來經濟利益。資產按流動性可分爲流動資產和非流動資產。流動資產主要包括現金、銀行存款、短期投資、應收及預付款項、待攤費用、存貨等；非流動資產如長期投資、固定資產、無形資產等。

(二)負債

負債指過去的交易事項形成的現時義務，爲了履行該義務，導致經濟利益流出企業。負債按償還期限的長短，可分爲流動負債和長期負債。

(三)所有者權益

所有者權益是指所有者在企業資產中享有的經濟利益，其金額爲資產減去負債後的餘額。

(四)收入

收入是指企業在銷售商品、提供勞務等日常活動中所形成的經濟利益，按企業經營業務的主次，可分爲主營業務收入和其他業務收入。

(五)費用

費用是企業爲銷售商品、提供勞務等日常活動所發生的經濟利益的流出。廣義的費用包括企業各種耗費和損失；狹義的費用則只包括爲獲得營業收入而發生的耗費。

(六)利潤

利潤是指企業在一定會計期間的經營成果，包括營業利潤、投資淨收益和營業外收支淨額。

二、中國大陸飯店利潤的分配

目前中國大陸國營飯店的利潤總額分成稅前扣減利潤、所得稅和留歸企業利潤三部分，相互的關係爲：

利潤總額－稅前扣減利潤＝計稅所得額（稅前毛利）

計稅所得額－所得稅＝留歸企業利潤

按照現行規定，中國大陸政府對大中型企業按55%的固定比例稅率計算繳納所得稅。飯店所得稅以全年應計稅所得額爲計稅依據，由於大陸經濟發展快速，飯店利潤不斷上升，爲鼓勵更多旅館投資，近期將有調降所得稅率的優惠措施。

應納所得稅額＝計稅所得額×稅率

目前中國大陸國營飯店按八級超額累進稅稅率計繳所得稅，不同級適用不同的稅率（**表10-10**）。

應納所得稅額＝計稅所得額×適用稅率－速算扣除數

速算扣除數是按照全額累進稅率計算的稅額和按照超額累進稅率計算的稅額相減後的差額，可從稅率表中查得。

表10-10　八級超額累進稅稅率表

級次	應納稅所得額	稅率（%）	速算扣除數（元）
1	全年所得額1,000元以下的部分	10	0
2	全年所得額超過1,000元至3,500元的部分	20	100
3	全年所得額超過3,500元至10,000元的部分	28	380
4	全年所得額超過10,000元至25,000元的部分	35	1,080
5	全年所得額超過25,000元至50,000元的部分	42	2,830
6	全年所得額超過50,000元至100,000元的部分	48	5,830
7	全年所得額超過100,000元至200,000元的部分	53	10,830
8	全年所得額在200,000元以上的部分	55	14,830

資料來源：蔣丁新、張宏坤（1997）。《飯店財務管理概編》。台北：百通。

三、中國大陸中外合營飯店利潤的分配

中國大陸利潤的分配在繳納所得稅後，進行儲備基金、企業發展基金、職工獎勵及福利基金等三項基金的提取以及股利的分配。

1. 儲備基金：儲備基金相當於企業的準備金、公積金，是從稅後利潤中提出，一般只能增加不能減少，若企業發生虧損可以暫時墊補外，不可移作他用。儲備基金是保護企業資本不受損害的一道防線，企業若發生虧損，不能將儲備基金與虧損額相沖轉。
2. 企業發展基金：企業發展基金可用作流動資金，亦可用於購買固定資產，擴大生產或經營的規模。
3. 職工獎勵及福利基金：職工獎勵及福利基金用於支付職工獎金及福利設施，是對職工的一種保障。
4. 股利分配：合資企業中外雙方按各自所占的股份分配本年的利潤。

專欄　喜來登（Sheraton）成功之道

歐內斯特·亨德森（Ernest Henderson）1897年3月7日生於離美國波士頓不遠的栗樹山鎮，病逝於1967年9月6日。他於1937年創建喜來登（Sheraton）旅館公司，到了1989年喜來登旅館公司旅館總數已達五百四十家，客房超過十五萬四千間，遍及全球七十二個國家，是世界上最大的國際旅館公司之一。上海華亭喜來登賓館也是它的成員。

不少人以為，像希爾頓一樣，喜來登就是該旅館公司老闆的名字，

其實不然。可是後來，亨德森先生於1965年出版了一本自傳，書名叫《喜來登先生的身世》（*The World of Mr. Sheraton*），在這裡，亨德森先生將自己稱為喜來登先生。

早期創建大旅館公司的人，大多數是科班出身，如里茲先生剛開始時當餐廳服務員，斯塔特勒先生剛開始時當前廳行李員，希爾頓先生早年也幫助他開小店的媽媽招待客人，可是亨德森先生與他們不同，他直到四十四歲時才認真從事旅館業。他在旅館經營管理技術上沒有許多創新，但他為喜來登旅館公司有效管理而制定的「喜來登十誡」（The Sheraton Ten Commandments）卻很有意義。

第一誡是不要濫用權勢和要求特殊待遇。這是對管理人員的約束。亨德森先生說，他每到一個喜來登旅館，那裡的經理總是為他安排最好的客房，像招待貴賓那樣送上一籃新鮮水果。他又說，那些經理不理解，其實作為董事長的他，最愛聽的話是：「對不起，那間總統套房不巧已被客人住了。」因為那間總統套房每天至少可獲得幾百美元的收入。

第二誡是不要收取那些討好你的人的禮物，收到的禮物必須送交一位專門負責禮品的副理，由旅館定期組織拍賣這些禮物，所得的收益歸職工福利基金。這一約束的目的在於，防止有人因私人得到禮品好處，在交易中就用旅館的財物去作人情。如負責食品採購的經理，為了回報送禮商人幾美元禮品的好處，常常會提高食品購買價格而使旅館增加數十萬美元的開支。

第三誡是不要叫你的經理插手裝修喜來登旅館的事，一切要聽從專業的裝潢師瑪麗．肯尼迪。這一約束在於強調專家管理。1941年亨德森買下了波士頓有名的「科普雷廣場旅館」（Copley Plaza），決定對它進行重新裝修。如何能保證裝修結果使顧客滿意呢？亨德森請了八位裝潢大師，舉行裝潢競賽。每人要裝潢一間房子，預算費用為三千美元，要求他們裝潢成受客人歡迎的未來型客房。到競賽結束那天，他舉辦了一次大型雞尾酒會，請來了一千名客人，請他們投票選出每人最喜歡的房間，最後裝潢師瑪麗·肯尼迪以壓倒多數贏得了這場競賽。從此，瑪麗被喜來登旅館公司聘作旅館裝潢的總主持人，亨德森先生規定，各旅館經理不能擅自修改瑪麗的裝潢方案。

第四誡是不能違背已經確認的客房預訂。超額預訂是旅館經理為了防止有一部分預訂者不到店住而造成損失的一種方式。如果預訂者都到店住了，超額預訂就會出現有預訂的客人沒有客房可住的情況。一旦出現這種情況，喜來登公司規定，送客人一張二十美元的禮券，這張禮券可在任何一家喜來登旅館使用，並派車送客人到另一家旅館入住，車費由喜來登承擔。

第五誡是管理者在沒有完全弄清楚確切目的之前，不要向下屬下達指令。亨德森先生認為，如果管理者理解清楚了每一指令的目的，同時又讓下屬瞭解指令的目的，就可使下屬發揮主動性和靈活性，把工作做得更好。

第六誡是一些適用於經營小旅館的長處，可能正好是經營大飯店的忌諱。亨德森先生認為，在小旅館裡，老闆的長處在於他能統管一切事務，可在大旅館裡，必須授權予人。大旅館成功的根本點在於選拔部門經理，發揮他們的才幹，靠他們去承擔責任和行使權力。如食品、飲料、前廳服務的程序、鍋爐與電梯的維修等具體事務要由部門經理去考慮。實踐證明，提拔小旅館經理來掌管大飯店往往出現許多頭痛的事。只有那些懂得授權給人的人管理大飯店才能取得成功。

第七誡是為達成交易，不能要人家的最後一滴血。亨德森先生認為，在談生意時，幾美元的爭執在當時看來似乎事關重大，但實際意義並不大。在一些微小的爭執中，不要使用「要做就做，不做拉倒」的語

句，要有整體與長遠眼光，小分歧可以通融，不要把大路堵死。

第八誡是放涼的茶不能上餐桌。這一誡雖然是直接針對餐廳服務員講的，但它的精神適用於一切服務員。這就是要遵循服務的質量要求，如熱菜要熱，用熱盤；冷菜要冷，用冷盤。品質不好，會直接影響旅館的聲譽。

第九誡是決策要靠事實、計算與知識，不能只靠感覺。亨德森先生認為，任何決策，首先要把實際情況搞清楚，要認真進行計算，光靠感覺、估計、願望去執行的做法要禁止。

第十誡是當你的下屬出現差錯時，你不要像爆竹那樣，一點就火冒三丈。因為他們的過錯，也許是由於你沒有給予他們適當的指導而產生的，你要從解決問題的角度去思考如何更好地去處理。

亨德森先生著名的格言是：「在旅館經營方面，客人比經理更高明。」凡寄給喜來登總部來的信，他都要求給予即時的答覆。無論是表揚信，還是投訴信，都要轉給有關經理閱讀。對投訴信的處理尤其認真。他認為顧客的抱怨有不少是建設性的，是旅館制訂政策和改進業務的依據。他讚賞運用「顧客意見徵詢表」，一旦喜來登總部收到的投訴信件少了，他就指示用「顧客意見徵詢表」去主動徵詢客人的意見。

早在1960年代，亨德森先生就指定由專人來處理客人的投訴，還要求對讚揚與投訴的信件分類登記和整理。當時還確立了下列評價標準：當抱怨信略多於讚揚信時，説明經理工作有些疏忽，如果比例是六十比四十，那麼就必須認真對待，即時採取措施。另外，如果對某一位經理的讚揚信過多，也需要檢查一下，這位經理是否用旅館應得的利潤來換取客人的過度的好感？

自我評量

1.旅館會計的功能包括哪三項？

2.什麼是旅館會計的特性？

3.美國旅館部門的利益管理包括的內容有哪些？

4.如果你是個財務主管，你如何製作客房部及餐飲部之損益表？

5.試述中國大陸會計制度。

6.中國大陸會計要素分哪六大類？

7.中國大陸中外合營飯店利潤如何分配？

8.請簡述「喜來登十誡」。

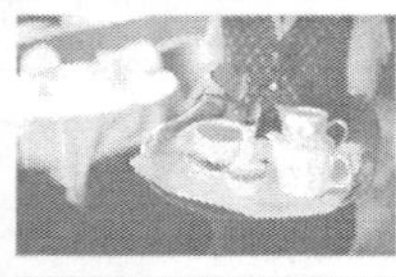

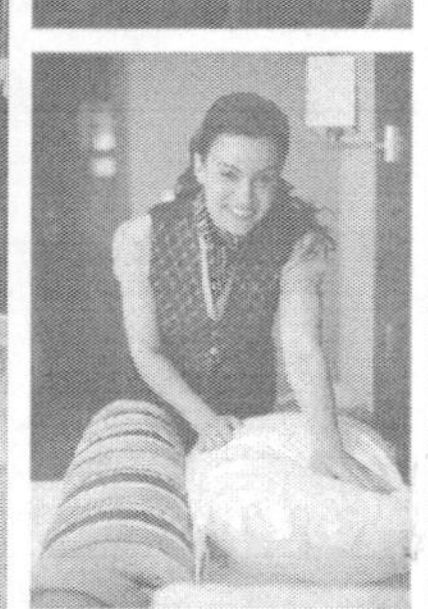

第十一章 旅館會計

- 旅館客房財務會計
- 國際觀光旅館餐飲收入與坪效分析
- 餐飲會計實務
- 餐飲成本控制
- 專欄——貴族飯店經營者里茲的經驗與格言

第一節　旅館客房財務會計

旅館帳款處理非常重要，由於房客並非僅以新台幣爲唯一支付工具，本節特以財務會計爲題分述如下：

一、客人的付款方式

客人付款方式（payment）包括用現金支付、旅行支票、簽帳及信用卡等，分述如下：

1.現金支付：包括台幣及外幣，外幣須換成台幣。

2.旅行支票：須先換成台幣。

3.南下帳（Holding Check）：此爲台灣特有的付款方式，客人於住宿時間，中途有事到南部，帳單轉入南下帳號，當返回旅館時，作重新遷入，再由南下帳轉入新房帳內，遷出時一起結帳。

4.住客甲代乙住客付帳：數人一起旅行，由一人付帳，或者某乙的帳由某甲先付，而某乙先行離去，常會發生漏收，有此種旅客，應詳細記在交代簿上，並附上紙條在甲、乙的帳卡上，結帳時，就不會出錯。另一種方法爲：如某甲替某乙付帳，可將乙的帳頁，全部轉入甲帳上，乙帳則變成零。

5.外客簽帳：如旅行社簽帳，凡與飯店簽有契約的旅行社，於結帳時，直接簽帳，再由財務部派人前往收款，否則要求遷出前付現金。

6.信用卡：爲了方便旅客遷出及節省時間，旅客遷入時先將信用卡刷好，結帳時客人再簽名即可。

二、水單的認識

圖11-1爲台灣銀行外匯兌換水單，提供讀者參閱。

1. 台灣取消外匯管制後，除了銀行可以買賣外幣，其他收兌處仍只買外幣，不賣外幣，而且須塡寫水單。水單一式三聯，第一聯交予客人，客人離台前，於機場將剩餘的台幣換回，匯率以離台當天爲主；第二聯則連同外幣向台銀換回等值的台幣；第三聯則留存公司備查。
2. 外幣兌換手續：

收兌外幣專用

銀行　　外匯水單（1）　EMN　　No 02246805

FOREIGN EXCHANGE MEMO

Date ____________

賣主SELLER

BOUGHT FROM
購　　自

姓名 Name
身分證號碼 Identification Paper No.

支票或現鈔號碼 Bill No.	外幣數目 Foreign Currency Amount	匯率 Rate	新台幣數目 N.T.$ Equivalent
	應扣費用 Charges		
	實付金額 Net Amount Payable		

本行兌換　台端外國票據，如因寄送國外付款銀行收帳時遺失，仍請協同本行作必要之處理，如發生退票，請於接獲本行通知後，即將票款照數退還本行。

賣主簽章
Seller's Signature ____________

電話號碼
Telephone Number ____________

地址
Address ____________

收兌處簽章
Authorized Agent

一式三聯第一聯交客戶第二聯送本行第三聯留存備查

圖11-1　銀行外匯兌換水單

資料來源：救總職訓所編印（1987）。《餐旅管理實務》。

(1)填寫一式三聯水單。

(2)詢問客人房號、姓名、護照號碼，並請客人簽字。

(3)撕下第一聯收據及等值台幣交給客人，並當面點清。

(4)外幣及第二、三聯水單訂在一起，於隔天和總出納換回等值台幣。

3.外幣匯率：每日外幣交易中心會統計出當日美金匯率，而飯店出納人員於當日下午四時之後得知美金中心匯率而自行調整，但仍在政府規定的上下限內。台北市各大觀光飯店之匯率由旅館公會統一通知後自行公布。所有兌換的外幣，則由晚班櫃檯出納填妥彙總外匯水單後，向隔日當班總出納換取等值新台幣備用。

4.填寫水單注意事項：

(1)水單是否連號使用，飯店的水單兌換章是否有蓋章。

(2)不同幣值兌換時，水單需分開。如美金現金、旅行支票同時要兌換，須開二張水單。

(3)如有作廢，需三聯一併交回，且不可撕毀或遺失。

5.外幣兌換注意事項：凡兌換金額較大時，須影印客人護照，再與水單一併交回；美金可用機器測試眞僞。

三、客房收入的審核

審核人員根據登記卡所製成的住客帳單金額與客房部營業收入報表（**表11-1**）的資料是否相符。更須查看前一天的遷出記錄，是否有Stay Over或未付款即離去的住客。其後將房務報告單與客房收入報表核對，統計住客使用的房間、使用床數、房租與人數。若發現有任何錯誤，應提出報告給營業單位主管作調查處理。

表11-1　客房部營業收入日報表

姓名	房號	昨日餘額	房租	服務費	洗衣費	冰箱飲料	餐飲	電話費、傳真費	代支	收現	信用卡	今日結額
合計												

董事長 ________ 總經理 ________ 副總經理 ________ 經理 ________ 主任 ________ 審核 ________ 製表 ________

資料來源：作者整理。

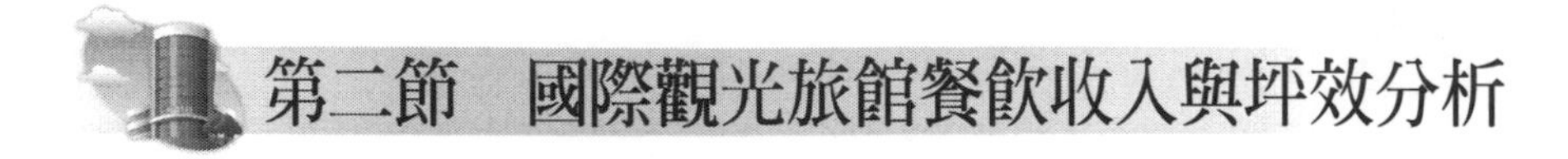

第二節　國際觀光旅館餐飲收入與坪效分析

一、餐飲收入

在七十一家國際觀光旅館中，比較其客房收入與餐飲收入之情形如下：

(一)客房收入大於餐飲收入者，計有三十七家

依地區別區分，計有台北地區十四家：台北W飯店、台北凱撒大飯店、西華大飯店、台北華國大飯店、國聯大飯店、三德大飯店、美麗信花園酒店、豪景大酒店、老爺大酒店、福華大飯店、國王大飯店、亞都麗緻大飯店、華泰王子大飯店及康華大飯店；高雄地區兩家：華王大飯店及華園大飯店；花蓮地區四家：統帥大飯店、花蓮亞士都飯店、美侖大飯店及遠雄悅來大飯店；風景區十家：陽明山中國麗緻大飯店、曾文・山芙蓉渡假大酒店、日月行館、知本老爺大酒店、太魯閣晶英酒店、礁溪老爺大酒店、涵碧樓大飯店、雲品溫泉酒店日月潭、墾丁福華渡假酒店、凱撒大飯店；桃竹苗地區三家：台北諾富特華航桃園機場飯店、桃園大飯店及新竹老爺大酒店；其他地區四家：義大皇家酒店、娜路彎大酒店、長榮鳳凰酒店（礁溪）及香格里拉台南遠東國際大飯店。

(二)餐飲收入大於客房收入者，計有三十三家

依地區別區分，計有台北地區十家：晶華酒店、國賓大飯店、台北寒舍喜來登大飯店、台北寒舍艾美酒店、兄弟大飯店、台北威斯汀六福皇宮、圓山大飯店、遠東國際大飯店、神旺大飯店及台北君悅

酒店；高雄地區六家：漢來大飯店、高雄國賓大飯店、寒軒國際大飯店、麗尊大酒店、高雄福華大飯店及君鴻國際酒店；台中地區五家：通豪大飯店、全國大飯店、台中金典酒店、台中福華大飯店及長榮桂冠酒店（台中）；花蓮地區一家：花蓮翰品酒店；風景區一家：高雄圓山大飯店；桃竹苗地區四家：新竹國賓大飯店、南方莊園、新竹喜來登大飯店及尊爵天際大飯店；其他地區六家：台糖長榮酒店（台南）、台南大飯店、蘭城晶英酒店、福容淡水漁人碼頭、大億麗緻酒店及耐斯王子大飯店。

餐飲收入是飯店收入的重要來源，飯店餐飲收入包括餐飲部所屬的餐廳、宴會廳、咖啡廳及酒吧等。

餐廳實際營業量，一般以座位利用率來表示（即俗稱座位回轉數）：

座位利用率＝用餐人次÷座位數×**100%**

如餐廳的座位有120個席位，而一天用餐人數爲360人，360÷120=3（回轉），即所謂的回轉3次。回轉數高的餐廳，營業額相對提高。

餐廳每一顧客一天平均消費額＝餐廳一日營業收入÷一天用餐人次
座位回轉數＝一天用餐人次÷座位數

假設克來美餐廳每一顧客平均消費額爲200元，餐廳座位數爲200個，每天座位回轉數爲4次，則一個月的營業額爲200×200×4×30＝4,800,000（元），即餐廳收入的基本計算公式：

餐廳收入＝一人平均消費額×座位數×座位回轉數×天數

餐飲部淨收入扣除餐飲部直接成本即爲餐飲部門獲利收入，2013

年國際觀光旅館餐飲部獲利率爲13.98%。

個別國際觀光旅館餐飲部獲利率表現最佳前十名爲：

1.台北W飯店42.23%。
2.花蓮亞士都飯店41.65%。
3.凱撒大飯店33.21%。
4.娜路彎大酒店32.60%。
5.台北寒舍艾美酒店32.21%。
6.南方莊園31.53%。
7.遠東國際大飯店31.11%。
8.美麗信花園酒店30.42%。
9.台北寒舍喜來登大飯店30.30%。
10.礁溪老爺大酒店29.45%。

二、餐飲部門產值分析

1.所謂餐飲產值即爲各飯店餐飲總收入除以餐場面積所得之平均營業額，可以稱爲「坪效」，即是每坪（3.025平方公尺）所計算出來的營業平均金額。
2.2013年國際觀光旅館之餐飲部門產值，平均爲77,868元／每平方公尺（**表11-2**）。
3.過去台灣各旅館依照日據時代以坪計算面積的觀念，故稱爲「坪效」（平均每一坪空間所創造出來的營業額），隨著公制的世界化，長度計算方式爲公尺，因此，將一坪除以3得到平方公尺的面積（詳細計算值爲1平方公尺＝0.3025坪，約3倍），將坪效金額／3即得每平方公尺的產值。
4.依觀光局計算餐飲部門效益時，將廚房面積扣除只含顧客可以利用的外場面積彙總統計。

個別國際觀光旅館餐飲部門產値表現較佳前十名爲：

1.礁溪老爺大酒店423,005元／平方公尺。
2.遠東國際大飯店287,951元／平方公尺。
3.老爺大酒店287,751元／平方公尺。
4.國賓大飯店271,491元／平方公尺。
5.台北W飯店266,844元／平方公尺。
6.台北寒舍艾美酒店263,794元／平方公尺。
7.晶華酒店217,589元／平方公尺。
8.西華大飯店188,896元／平方公尺。
9.兄弟大飯店179,068元／平方公尺。
10.亞都麗緻大飯店175,901元／平方公尺。

表11-2　2013年國際觀光旅館餐飲部門效益分析表　單位：新台幣（元）

地區	餐飲收入	餐飲部門總樓地板面積（平方公尺）	餐飲部產值
台北地區	11,723,412,699	106,974	109,591
高雄地區	2,426,338,855	36,172	67,078
台中地區	1,203,910,681	26,011	46,285
花蓮地區	548,232,016	19,680	27,857
風景區	1,331,147,185	21,853	60,914
桃竹苗地區	1,426,086,164	26,547	53,719
其他地區	2,470,315	34,113	72,416
合計	21,129,443,420	271,350	77,868

資料來源：交通部觀光局。

第三節　餐飲會計實務

本節餐飲會計實務包含一般餐飲會計實務、員工的伙食會計處理、呆帳科目的會計處理、宴會會計實務及酒吧會計實務等。

一、一般餐飲會計實務

在高度競爭的餐飲業中，飯店的經營者必須建立一套嚴謹的會計、出納管理規則，會計帳務處理，須依循一致性、客觀性、穩健性及完全揭露等原則，以掌握公司財務報表的準確性。

茲將會計帳務處理作業規則說明如下：

(一)一致性原則

即餐廳對於某一會計科目的處理方法，一經採用後，應前後一致，不得隨意變更。如存貨的計價方法，可採先進先出法，亦可採用加權平均法，但是如果採用先進先出法，就不應當隨意更改，否則相同的營業額，在其他費用不變的情況下，由於存貨計價方法的變更，而連帶的損益也會有所變動，餐廳主管將得不到合理的資訊，作爲決策時的依據。會計人員若要改變現行的方法，應將改變的理由和事實，以及改變後對該時期損益的影響，在財務報表上揭示出來。

(二)客觀性原則

指會計記錄及報導應該根據事實，並依據一般公認的會計原則來處理，在處理會計實務時，應以實際的交易爲依據，並以外來的商業文件爲憑證，「商業會計法」第三十三條規定：「非根據眞實事項，不得造具任何會計憑證，並不得在會計帳簿表冊作任何記錄。」第

十九條亦規定：「對外會計事項應有外來或對外憑證；內部會計事項應有內部憑證以資證明。」以上兩條規定，均在強調憑證的重要性。

(三)穩健性原則

即會計人員應保持穩健的態度，對於資產與利潤方面有疑問時應適當的表達，應該採取不致誇張資產及利潤的方式來解決，亦即寧願估計可能發生的損失，而不預計未實現的利益。

對於交易已發生而尚未支付現金的費用，如應付未付的水電費、瓦斯費、電話費及薪資等，會計人員應提列出，否則餐廳的損益表發生虛盈實虧的狀況，而無法表達餐廳經營的實況。

(四)完全揭露原則

餐飲業的財務報表必須顯示出企業所採用的會計政策。餐廳必須揭露的項目，包括存貨的計價、固定資產折舊的會計方法及可流通證券的計價方法。如存貨計價方法採用先進先出法列帳，而折舊的會計方法爲直線法。影響財務報表應揭露的項目，包括會計方法的改變、收入和費用的額外項目。

◆收入

餐飲業將收入分成下列六個科目：

1.食品收入：它是屬於貸方科目。餐飲部經理及員工的帳單不屬於銷售帳目。
2.食品折讓：是食品收入相反的帳目。
3.飲料收入：經理人爲拓廣業務，而招待客人飲用的部分，不列入收入帳目。
4.飲料折讓：是飲料收入相反的科目，即飲料銷售後的折扣。
5.服務費收入：餐廳收入的10%爲服務費收入。

6.其他收入：如香菸、開瓶費等。

◆費用

費用分為直接費用、間接費用與固定費用。

1.直接費用，指與餐廳的營業有直接關係的費用，直接費用可細分為下列各項：

(1)銷貨成本。

(2)員工薪資。

(3)與員工有關的費用，如勞健保、加班費及年終獎金。

(4)各種布巾及制服的洗衣費，以及營業生財設備破損的重置費用。

(5)文具印刷費：信封、信紙、報表紙、原子筆等。

(6)清潔用品：清潔劑、抹布、拖把、桶子、掃帚等。

(7)菜單：包括菜單設計及印刷所需的費用。

(8)清潔費：包括與清潔公司簽訂餐廳清潔的契約。

(9)音樂及娛樂費：包括藝人、鋼琴租用、錄音帶等費用。

(10)紙類用品：包括所有紙製品的費用，如餐巾紙、紙杯、包裝紙等。

(11)廚房用具：如蒸籠、砧板、鍋子、攪拌器等。

2.間接費用，包括下列各項：

(1)交際費。

(2)捐獻。

(3)郵票。

(4)旅費。

(5)電話費。

(6)信用卡收帳費。

(7)呆帳費用。

(8)廣告費。

(9)業務推廣費。

(10)水電、瓦斯費。

(11)維修費用。

3.固定費用，可分類如下：

(1)租金。

(2)財產稅。

(3)利息支出。

(4)折舊費用。

(5)攤銷費用：包括開辦費、商標、商譽、專利權、租賃權、租賃改良。

(6)保險費。

二、員工伙食的會計處理

大飯店之董事、經理以上人員，日常三餐可在餐廳用，此爲員工伙食之一種，可免開統一發票。

在永續盤存制度下，將員工伙食成本從食品銷貨成本中區分的分錄如下：

員工伙食費	12,500	
食品成本		12,500

三、呆帳科目的會計處理

餐飲業對呆帳科目的沖銷其會計處理方式爲備抵法及直接沖銷法。

(一)備抵法

備抵法是公司預測潛在性的呆帳，科目包括呆帳費用及備抵呆帳。呆帳費用是支出科目，爲到目前爲止該年度所有的呆帳支出。備抵呆帳爲相對目科，記錄無法收回的應收帳款。

1.例如飯店於2007年底提列呆帳預估（即備抵呆帳）分錄：

呆帳損失	280,000	
備抵呆帳		280,000

2.2008年12月31日實際發生呆帳分錄：

備抵呆帳	280,000	
呆帳損失	20,000	
應收帳款		300,000

實際發生呆帳300,000元，除優先抵扣上年度預計之呆帳數額280,000元，不足20,000元，以當年度呆帳損失處理。

(二)直接沖銷法

公司將呆帳實際發生後，才列入呆帳科目，稱爲直接沖銷法。直接沖銷法並不使用備抵科目，將呆帳直接記入呆帳費用科目。

沖銷呆帳的分錄如下：

呆帳費用	300,000	
應收帳款		300,000

餐廳會計直屬收入稽核室或會計課。一流的飯店認爲由服務員幫顧客向櫃檯結帳才算周到。所有餐飲的帳單，必須具備以下三個要素：

1.旅館名稱、帳單號碼、服務員編號、餐桌號碼及客數。
2.帳單分爲三欄，包括餐食名稱、餐食數及金額。
3.帳單的下聯印上帳單號碼、服務員號碼及總金額。

會計由服務員接來的帳單，應將每一項目轉入報告書內，餐廳會計報告書包括的項目爲：服務員號碼、帳單號碼、客人人數、餐食金額、飲料金額、香菸金額、合計金額、顧客姓名、房間號碼及現金收入等十個最基本項目。對於賒帳的帳單，轉入報告書內，儘快送去櫃檯出納處理。餐廳會計應算出當天營收總計，連同支付現金的帳單，送去收入稽核室，也應另做現金報告書，交由出納入款。餐飲業除了零用金以現金支付外，其他所有的支出應以支票給付。

餐飲業的稅務處理簡述如下：

1.營業稅：每兩個月報繳一次（兩個月後的15日以前報繳），例如1月份及2月份的營業稅須於3月15日前報繳。
2.娛樂稅：每月報繳一次，須於每月10日以前繳納。
3.代扣個人所得稅：於每月10日以前繳納稅款。
4.營利事業所得稅：於每年5月底以前申報。
5.地價稅：於每年12月15日以前繳納，每逾二日必須繳滯納金1%。
6.房屋稅：於每年12月15日以前繳納，每逾二日必須繳滯納金1%。

四、宴會會計實務

美國旅館內的餐飲宴會設備可分爲：大型宴會場、中小型宴會場、常設餐廳、速簡餐廳、快餐廳、酒吧等六大部門。美國的餐飲收入大約爲客房收入的兩倍，以夏威夷爲例，全島觀光營業收入，三分之一爲餐飲的消費。

宴會場或設備通稱爲Banquet Hall或Banquet Facility，近年來以集會（Convention）一詞較爲流行。在美國參加會議大都夫妻一起參加，參加集會的費用大部分由公司負擔。美國的集會中心是芝加哥，其次是舊金山。洛杉磯的Century Plaza的宴會場Los Angeles Room能容納座位二千人，站位四千人之多；舊金山的St. Francis旅館有十四個大小宴

會場，夏威夷的Ilikai Hotel集會場可容納將近二千人。

宴會的型式以雞尾酒會及自助餐爲主，因爲客人可自由自在地接觸談話，且餐廳餐點集中一處，種類繁多，可自由選吃，宴會的時間有彈性，可隨時前往。而旅館則不必提供等候室，且在一定的場所可容納更多的客人，可減少服務人員、降低餐飲成本。

台灣七十一家國際觀光旅館中，餐飲收入中之宴會收入約占50%左右，可見宴會收入在旅館營收中占有不輕的比重。

宴會的種類包括如下各種，另外有展示會、服裝表演秀、記者招待會等。

1.集會：國際會議、股東會議、學術演講會、企管講習會等。
2.一般宴會：結婚喜宴、謝師宴、歡送會、晚會、酒會、同學會等。

旅館餐飲部門在內部作業上必須設立宴會控制表，方能有效利用宴會場地，且需編製每日宴會預約控制表，方便客人預約。顧客與飯店談妥宴會細節後，宴會前四、五天旅館應向顧客收取預約訂金，並填妥宴會確認書交給顧客，該確認書需註明參加人數與桌數，並向顧客收取訂金。若顧客基於某種原因而取消宴會，預約訂金是否退還或沒收，視顧客通知飯店的情況而定。

第四節　餐飲成本控制

餐飲部門關係整個旅館之財務收入，如不善於做合理的控制，則造成成本增加，而導致虧損。餐飲成本控制與分析應由餐飲部經理擔負全責。

一、餐飲成本

餐飲業的經營仰賴於完整的管理系統，欲提高餐飲的利潤，最有效的方法是開源節流，用控制的方法，將各項支出運用得宜，因此必須瞭解餐飲成本的內容，才能有效的控制成本，而將損失和耗費降至最低。

餐飲業的成本可分爲直接成本與間接成本。直接成本包括食物成本和飲料成本，爲餐飲業中最主要的支出。間接成本包括人事費用和一些固定開銷。人事費用包括員工的薪資、伙食、獎金與福利等；固定的開銷則是租金、水電費、利息、稅金、保險、修繕維護費和其他雜支。

成本控制的計算，是屬於財務部門成本會計的範疇，而食材成本的控制，爲物料管理部門的職掌。物料成本，可從存貨差異控制、產能控制及丟棄管理等數據計算出來。

1.存貨差異控制：控制物品的方法，計算的公式爲：

存貨差異＝期初盤存＋進貨－售出數量－期末盤存

準確的盤點、詳細確實的銷售記錄，爲控制存貨差異的最主要方法。

2.產能控制：此爲餐飲業食材成本控制的最主要方法。製作每道菜所需的原料、數量、勞力與時間，均會反映在標準單價上，因此設計菜單時必須注意這些因素，愼選菜色的種類及數量。要進行產能控制之前，必須先制定標準操作程序與標準產能規範。廚房標準操作正確執行，可提高人工操作的產能。正確地操作廚房的機具與保養維修，則能提高或維持機具產能。

3.丟棄管理：造成原料必須丟棄的原因爲訂貨不當、操作不當與

儲存或搬運不當。採購人員的素質、廚師的專業及儲存的設備均需注重，才不致於因材料的損失，而增加成本。

對採購人員而言，能購得相同品質而價格較低的貨品，或是以同樣的價格而購買到更高品質的貨品，均是對公司成本控制上的一大貢獻。

一般餐飲業將食物的成本訂在售價的30～35%之間，飲料的成本爲18～25%之間，薪資的比例爲30%左右。以上數據是由交通部觀光局經調查後發表的統計數據，這些平均數，基本上可作爲餐飲業的參考指標。此外，由以往的財務報表之統計資料亦可算出各項成本在整體收入中所占的比例。

餐飲部門獲利爲餐飲部淨收入扣除餐飲部直接成本之結果，2013年國際觀光旅館餐飲部獲利率爲13.98%，若依地區細分，以台北地區之19.68%爲最高。

個別國際觀光旅館餐飲部獲利率表現最佳爲涵碧樓49.28%。七十一家國際觀光旅館客房收入大於餐飲收入者，計有三十七家，而餐飲收入大於客房收入者計有三十三家。

2013年國際觀光旅館營業總收入額約469.7億元，其主要的收入爲客房收入與餐飲收入，各占42.28%及44.99%。比較國內外的營收比重，國外以客房收入爲主，占六成左右，而國內則相反，以餐飲收入爲重。以上的統計資料顯示出餐飲部的經營管理優劣，直接影響旅館的盈虧，業者的行銷策略與成本控制爲經營上重要的課題。

二、飲料成本的控制

餐飲業中飲料的銷售需要設計合理的科學控制程序和方法，方可避免原料的耗費和收入的流失，進而控制飲料銷售成本，增加銷售利潤和營業收入。

飲料成本控制與食品成本控制是相同的，應制定採購、驗收、倉儲、發放和銷售的控制標準和程序。飲料可分爲含酒精飲料（酒水）和無酒精飲料（軟飲料）。含酒精飲料包括啤酒、水果酒和烈酒（蒸餾酒）；無酒精飲料包括碳酸飲料、果汁及保健飲料。

飲料成本在餐飲成本中占有很大的比例，尤其是酒類成本。傳統飲料供應以罐裝、瓶裝爲主，成本控制較容易。目前供應方式爲現場調配銷售，人工操作量較大，易增加成本漏洞。

飲料成本控制環節中，餐飲部經理應採取相應的控制措施，以減少成本的耗損，首要的工作爲確定銷售品種環節，品種適中，讓客人有選擇的機會，方可增加利潤，減少儲存費用，在選擇供應商時，必須考慮信用狀況、交貨期和價格等因素。採購人員於訂貨時應檢查庫存量，並填寫訂貨單。驗收人員要仔細核對訂貨單、裝運單和發票，對於進貨的品種和數量需與發貨單相符。飲料驗收完成後即送入儲存室保管，並製作存貨清單及每月盤存報告書。服務員填寫好的領料單須由主管簽名，並加蓋日期和時間。服務員以標準飲料單爲依據，調配各種雞尾酒及鮮果汁，調製的環節中需重視成本控制。

飲料存貨量的控管主要採用永續盤存表來加以控制（**表11-3**）。

表11-3　飲料永續盤存表

代號： 飲料名稱：		每瓶容量： 單位成本：		標準存貨：
日期	收入	發出瓶數		結餘
		酒吧1	酒吧2	

資料來源：作者自行整理。

會計單位抽查存貨數量，如果庫存記錄數量與實際數量不同，則可透過調查，瞭解眞相。每月的月底，實地盤點存貨，並將存貨數量記入存貨登記簿。

加強飲料調配過程的成本控制，飲料單位主管必須先確定標準飲料單、用量、容量、配方、價格、牌號和操作程序。建立標準飲料單，必須考慮酒吧的類型及顧客的需求，在確定飲料品種後，根據經營需要確定儲備量，儲備品太多，不僅占用空間，且增加損耗和被偷竊的機會，因此不儲存超過三十天用量的儲備品。採購人員必須根據主管規定的容量標準購置酒杯，在高級飯店中可能需要十種以上不同大小類型的酒杯。酒吧使用標準牌號的酒，不但提供客人穩定品質的飲料且是飯店控制存貨的方法之一。經營者根據材料供應時程設定供貨數量，以儲存愈少，愈能及時爲佳。

建立標準配方可以使每一種飲料都有統一的品質，飲料在酒精含量、口味及調製方法上要有一定的標準，每杯飲料成分用量不同，成本會有明顯的差別。

若每杯飲料都是8盎司，每盎司杜松子酒的成本爲0.4元，奎寧水爲0.5元，兩種飲料中的杜松子酒和奎寧酒的比例分別爲1:1和3:1，假設這種混合飲料每杯售價爲25元，則兩種不同比例的飲料，其飲料成本計算如下：

甲種飲料成本率＝（**0.4×4+0.5×4**）÷**25**
＝**14.4%**（比率為**1:1**）
乙種飲料成本率＝（**0.4×6+0.5×2**）÷**25**
＝**13.6%**（比率為**3:1**）

首先，確定標準配方和每杯標準容量後，就可計算出任何一杯飲料的標準成本。計算一杯純酒的成本，先計算出每瓶酒可裝幾杯酒，再用每瓶酒的成本除以杯數，則可算出每杯酒的成本。

專欄　貴族飯店經營者里茲的經驗與格言

現代飯店起源於歐洲的貴族飯店。歐洲貴族飯店經營管理的成功者是塞薩．里茲（Cesar Ritz）。英國國王愛德華四世稱讚里茲：「你不僅是國王們的旅館主人，你也是旅館主人們的國王。」

塞薩．里茲1850年2月23日出生於瑞士南部一個叫尼德瓦爾德（Niederwald）的小村莊裡。之後曾在當時巴黎最有名的餐廳「沃爾辛」（Voision）做侍者。在那裡，他接待了許多王侯、貴族、富豪和藝人，其中有法國國王和王儲、比利時國王利奧彼得二世、俄國的沙皇和皇后、義大利國王和丹麥王子等，並瞭解他們各自的嗜好、習慣、虛榮心等。之後，里茲作為一名侍者，巡迴於奧地利、瑞士、法國、德國、英國的幾家餐廳和飯店工作，並嶄露頭角。二十七歲時，里茲被邀請擔任當時瑞士最大、最豪華的盧塞恩國民大旅館（Hotel Grand National）的總經理。

里茲的經歷使他立志去創造旨在為上層社會服務的貴族飯店。他的成功經驗之一是：無需考慮成本、價格，盡可能使顧客滿意。這是因為他的顧客是貴族，支付能力很高，對價格不在乎，只追求奢侈、豪華、新奇的享受（依現代經營管理理念，似乎不合時宜，但在貴族化生活的立場，的確是成功條件）。

為了滿足貴族的各種需要，他創造了各種活動，並不惜重金。例如，如果飯店周圍沒有公園景色（Park View），他就創造公園景色。他在盧塞恩國民大旅館當經理時，為了讓客人從飯店窗口眺望遠處山景，感受到一種特殊的欣賞效果，他在山頂上燃起烽火，並同時點燃了一萬支蠟燭。還有，為了創造一種威尼斯水城的氣氛，里茲在倫敦薩伏依旅館（Savoy Hotel）底層餐廳放滿水，水面上飄蕩著威尼斯鳳尾船，客人

可以在二樓邊聆聽船上人唱歌邊品嚐美味佳餚。像這樣的例子不勝枚舉，由此可以看出里茲是一個現代流派無法形容的商業創造天才。

他的成功經驗之二是：引導住宿、飲食、娛樂消費的新潮流，教導整個世界如何享受高品質的生活。1898年6月，里茲建造了一家自己的飯店——里茲旅館，位於巴黎旺多姆廣場十五號。這一旅館遵循「衛生、高效而優雅」的原則，是當時巴黎最現代化的旅館。這一旅館在世界上第一個實現了「一間房間一個浴室」，比美國商業旅館之王斯塔特勒先生提倡的「一間客房一個浴室、一美元半」的布法羅旅館整整早十年。這一旅館另一創新是用燈光創造氣氛。用雪花膏罩把燈光打到有顏色的天花板上，這種反射光使客人感到柔和舒適。餐桌上的燈光淡雅，製造出一種神秘寧靜和不受別人干擾的獨享氣氛。當時，里茲旅館特等套房一夜房價高達兩千五百美元。

塞薩．里茲的格言之一是：「客人是永遠不會錯的」（The guest is never wrong）。他十分重視招徠和招待顧客，投客人所好。

多年的餐館、旅館服務工作的經驗，使他養成了一種認人、記人姓名的特殊本領。他與客人相見，交談幾句後就能掌握客人的愛好。把客人引入座的同時，就知道如何招待他們。這也許正是那些王侯、公子、顯貴、名流們喜歡他的原因。客人到後，有專人陪同進客房，客人在吃早飯時，他把客人昨天穿皺的衣服取出，等客人下午回來吃飯時，客人的衣服已經熨平放好了。

塞薩．里茲的格言之二是：「好人才是無價之寶」（A good man is beyond price）。他很重視人才，善於發掘人才和提拔人才。例如，他聘請名廚埃斯科菲那，並始終和他精誠合作。

塞薩．里茲的成功經驗，對目前我國的賓館、豪華飯店和高級飯店中的總統套房、豪華套房的經營管理仍然具有指導意義。

自我評量

1.客人付款的方式有哪幾種？

2.請列出2013年國際觀光旅館餐飲部獲利率表現較佳前十名。

3.何謂餐飲坪效？請列出表現較佳前五名。

4.餐飲會計處理作業規則有哪四種？

5.餐飲業對呆帳科目的沖銷其會計處理方式為哪兩種？請舉例說明。

6.何謂丟棄管理？

7.如何控制飲料成本？

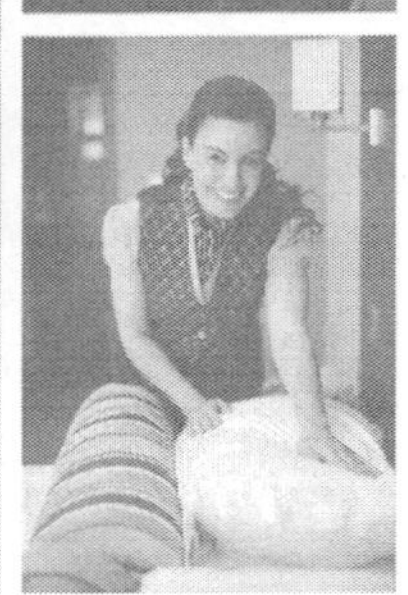

第十二章 旅館資產管理

- 旅館固定資產管理
- 旅館用品及消耗品管理
- 旅館採購管理
- 專欄——希爾頓的經驗與格言

資本額的大小是決定旅館興建規模的重要因素，旅館興建費用項目繁多，根據統計，國際觀光旅館每間客房分攤造價爲新台幣三百至四百萬元，一般觀光旅館平均約新台幣兩百五十至三百五十萬元。業者在投資之初，對於資金來源以比較保守的態度來評估，可減少日後投資不足時的困擾，各項設備之採購以前，應有一定比例的預算，才不致於財務上發生困難。

第一節　旅館固定資產管理

旅館的固定資產是指可供長期使用並保持原有形態的資產與設施，如房屋、土地、建築物、機器設備、運輸設備等。

興建旅館的資金來源，除了自有資金以外，主要是以向銀行貸款方式進行籌措。投資者籌備資金，主要是購買土地、建物、設備或將來旅館的更新改造和發展。旅館也可以與國內外企業的聯營作爲取得資金的來源。

一、固定資產的計價標準

旅館固定資產的計價標準包括固定資產原始價值、固定資產現值及固定資產重估價等，茲分述如下：

(一)固定資產原始價值

原始價值又稱原價，指旅館在實際取得某項固定資產時，所發生的全部費用支出。原始價值是固定資產計價的主要基礎，它反映旅館的投資規模和固定資產的價值，也是旅館考核投資效果和固定資產利用效果的重要根據。

(二)固定資產現值

固定資產現值又稱固定資產淨值或折餘價值，是指固定資產原值減去已提折舊累計數後的餘額，其反映固定資產的現存價值，爲旅館目前固定資產的實際價值的重要指標。

(三)固定資產重估價

固定資產重估價是指在目前條件下，重新購買同樣的全新固定資產所需的全部支出。如旅館在財產清查中發現盤盈的固定資產，或接受捐贈的固定資產，在無法確定其原值時，以重估價值作爲其原值。

旅館固定資產計價後，未經批准即不能任意變動，除非固定資產實際發生變化時才能在帳面上加以反映。

二、固定資產折舊

固定資產折舊分爲「基本折舊」和「大修理折舊」兩個部分，分述如下：

(一)基本折舊

基本折舊是固定資產在使用過程中，由於損耗而轉移到旅館經營成本中的價值。

旅館固定資產折舊是旅館經營成本的重要組成部分，對於實際計入某一期間旅館經營的折舊費，是該期中所應提取的折舊額，而不是全部折舊總額。固定資產折舊的計提方法，一般按照固定資產原值和可使用的年限來平均計算。這種按固定資產使用年限平均計算每年應提取折舊額的方法，稱爲「使用年限法」。

(二)大修理折舊

大修理折舊是旅館對固定資產的損耗進行大修理而追加的價值。旅館爲保持良好的狀態，就應進行一定的更新修理。固定資產的修理可分爲日常修理及大修理。

日常修理即中、小修理，由於這種修理發生頻繁，因此無法事先編列修理預算，但可經由統計各項維修費用中，取得一個概數，並依經驗值逐年按比例增列預算。

大修理是指修理範圍大、間隔期長及費用高的年度大型維修，以便延長設備使用壽命，如車輛年度大保養、冷氣主機三年一次的大保養等。一般大修理費用都採用先提後用的辦法處理，逐月攤提預算費用，使各期均衡地負擔成本，每月預提一定數額的大修理準備，以便於期末或淡季時用於支付大修理費用，以恢復固有資產的使用價值。

三、資產重估

依據「營利事業資產重估價辦法」第三條規定，「營利事業之固定資產、遞耗資產及無形資產，於當年度物價指數較該資產取得年度或前次依法令規定辦理資產重估價年度物價指數上漲達25%以上時，得向該管稽徵機關申請辦理資產重估價，並以其申請重估日之上一年度終了日爲基準日。」

四、資產重估資料

1.物價指數表：物價指數表由財政部洽請行政院主計處於每年1月25日前提供。

2.資產負債表：資產負債表應爲資產重估價基準日之資產負債表。

3.財產目錄：財產目錄應爲重估基準日，重估公司之財產目錄及土地估價申報。

五、帳簿記錄之調整

1.自重估年度終了日之次日起調整原資產帳戶，並將重估差價，記入資產增值準備帳戶。前項資產重估增值，得免計入所得課徵營利事業所得稅。
2.企業接到稽徵機關審定通知書後，如有調整，得至稽徵機關查明核定後重估價值及重估差價明細，並索取資產重估後應提列折舊明細表，作爲重估後計提折舊時之用。

六、災害損失

災害損失係因存貨、存料及各項固定資產，遭受地震、風災、水災、旱災、火災、蟲災、戰禍等各項人力不可抗拒之災害所遭受之損失。

營利事業遭受災害，申報損失時，應依稽徵機關規定格式詳細說明損失資產之編號、名稱、規格、數量、單價、總值（包括已提列之累積折舊）、資產存放地點或座落、損失原因，或人員及休閒地區旅館飼養之動物受傷或死亡應支費用預計數之清單，於十五日內向稽徵機關申請報備。

第二節　旅館用品及消耗品管理

構成旅館的主要商品是環境、設備、餐飲及服務，顧客的再度光臨才能讓旅館商品發揮最大的功能。旅館投資的設備，本身即爲商品，直接與顧客發生接觸，因此購買的設備與各項用品，必須在品質與耐用性方面多作考量，以期達到預期效果。

旅館的財物，可分爲下列四種：

1.固定資產：如土地、建築物、電力設備、冷暖氣設備、電梯設備、鍋爐設備等。旅館建築物耐用年限，我國規定爲五十五年。
2.備品：指旅館的生財器具，如客房內的床、電視機、桌椅、冰箱等。
3.用品：如床套、布巾、制服、廚房用具、餐具及運動器材等。
4.消耗品：可分爲餐飲原料及一般消耗品，如食品、飲料、文具印刷品、清潔用品等。

「觀光旅館業管理規則」第二十七條規定：觀光旅館建築物除全部轉讓外，不得分割轉讓。

旅館的器皿設備及房間內各式消耗備品，分述如下：

一、器皿設備

(一)器皿設備的分類

一般飯店用的器皿設備之備品大致可分爲四大類別：

1.陶瓷類（China Ware）：有硬瓷、軟瓷、陶瓷、素燒瓷、骨質瓷等材質，窯溫在1,200度以上完全瓷化，表面有上釉（釉上、釉下、釉裡）處理。不吸水，密度約2.5，硬度摩氏在5.5以上之精瓷。
2.玻璃類（Glass Ware）：有一般玻璃、強化玻璃、水晶玻璃等材質。強化玻璃高溫110～180度，水晶玻璃含鉛量約在24%。
3.金屬類（Metal Ware）：有金質、銅質、銀質、不鏽鋼或其他合

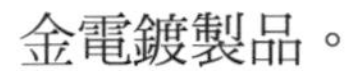
金電鍍製品。

4.布巾類（Linen Ware）：有絲、棉、麻、混紡或其他合纖之製品，縮水率在5～7%以內，以高溫200度染整處理，耐褪色及耐洗次數約兩百次為基準。

(二)器皿數量的設定

依各營業單位的餐飲性質及服務標準不同而互異，一般購買數量以席位數為基礎，並配合轉換台數之多寡而設定。

1.陶瓷類：約席位數×3倍。
2.玻璃類：約席位數×3倍。
3.金屬類：約席位數×3倍。
4.布巾類：約席位數×3.5倍。
5.其他廚房用雜項：約實際使用數的2倍。

(三)器皿庫存的設定

因器皿破損標準、使用次數、耐用年限而有所不同，因此切勿準備過多的庫存以免占用空間及資金浪費。器皿設備損耗率及使用年限如下：

1.陶瓷類破損率約25～35%，耐用年限約三至五年。
2.玻璃類破損率約45～65%，耐用年限約一至三年。
3.金屬類破損率約3～8%，耐用年限約五年以上。
4.布巾類破損率約15～25%，耐用年限約二至三年。

從上述破損比率及品質標準來看，器皿設備在各飯店競爭情勢及創新潮流下，平均所設定的年限約三至五年內不等，這期間器皿的重置，要配合營業方針作全面的更新。

二、房間內各式消耗備品

房間各式消耗備品包括備品與消耗品，備品有浴巾、面巾、餐飲簡介、客房餐飲單、文具夾、資料夾、套房用浴袍、吹風機、水杯、菸灰缸、男女衣架、毛氈、床單、床墊、床罩等。

消耗品項目包括原子筆、信封、牙膏及牙刷、男女拖鞋、浴皀、面皀、浴帽、洗髮精、沐浴精、衛生紙、面紙、便條紙、洗衣袋、茶包等。

(一)商品盤損

任何商品、材料、物品等有形資產，於年終盤查存量時，發現實際數量較帳列存量少而發生的差額，即爲商品盤損。依「營利事業所得稅查核準則」第一〇一條所定商品盤損，其認定的要件爲：

1.商品盤損的科目，僅係對於存貨採永續盤存制者適用之。
2.商品盤損時應即取得證明，若無法取得證明，應迅即詳細列出損失品名、規格、數量、單價、總價、原因及存放地點之損失清單，並於事實發生後三十日內，檢具清單請主管稽徵機關調查。
3.商品盤損，依商品之性質，不能提出證明文件者，如會計制度健全，經實地盤點結果，商品盤損率在1%以下者，可以認列。如超過1%以上者，仍應取具證明文件，以憑認定。

(二)消耗備品管理

旅館之消耗備品，依其耗損頻率，可將其分爲消耗品及非消耗品。

◆消耗品的管理

消耗品如餐廳所用的烹調器具、餐具、布巾類、文具、清潔用品等，體積較小、耐用度低、容易耗損。

1.消耗品的備品補充，應訂定單位使用備補標準量，如布巾類大都設定三套，一套使用中，一套換洗中，一套放於庫存。文具、清潔用品按實際情況補充。
2.餐具類及布巾類應設有損耗率的規定，金屬餐具爲1%，玻璃器具爲5%，陶瓷器具爲3%，布巾類爲3%。
3.耗損報銷手續，先要報請主管核准。
4.爲防止物品損失，務須加強管制，領物出庫憑申請單核發，以建立完善的存管制度。

◆非消耗品的管理

非消耗品如電子機具、木器家具、金屬物品，均屬體積較大且耐用度較高的物品。

1.餐廳中之家具，如餐桌、椅子、沙發、裝飾物品等，由餐務員負責保管，電氣設備、空調設備、音響、照明等設備由專門技術人員專責保管使用，廚房中之烹調設備、冰箱等由總廚師負責使用。
2.非消耗品應列入「財產」管理系統，登錄於財產管理帳卡，一式兩份，由使用單位負責人簽蓋，一份存於使用單位，一份存庫列管，作爲物帳與盤點的根據。
3.非消耗品列管使用期限，一般設定爲三年，第三年可考慮財產折舊，編列預算，更新設備。

第三節　旅館採購管理

旅館位置確定之後，必須就環境條件周詳整合，就市場需求反映於設計條件之中，旅館建築有別於一般，它的硬體必須於開業之後與

軟體功能相互配合，因此，除建築師之外，投資者必須同時聘任更多專業顧問，將整體軟、硬設施合併考慮，使日後經營得以順利進行。以台北君悅大飯店爲例，其各專業顧問達二十七種之多，這種理念是花錢的，也是必要的。

設計者除了針對業主的構想或企劃報告的給予條件，多加細琢考量，分析組合整理出設計，務必取得業主或決策者的確認。

有關設計小組的組織、具體的進展方式、設計能源的投入方式、整體的進度表等，在設計開始時，內部作業均須做好確認的工作。這些項目對各擔當負責人如有意見反應，也均須做愼重適切的處理。

旅館總經理負責統籌全局，要保持旅館的水準和增進旅館的聲譽，必須注意下列事項：

1.旅館的建築設計是否適合時代的潮流與顧客的需要。
2.旅館的設備及布置是否完善，安全措施是否齊全。
3.聘派工程人員檢查旅館的全部建築，及增添必需用具及設備。

副總經理需與工務主管保持密切關係，熟悉一切機械、電機、聲光、用水及汙水等設備系統，依照總經理的指示，督導承包商的工作。

房務管理通常以房務主任爲主管，除了維持客房及設備的清潔衛生外，在大型旅館中又須管理洗染或協助選擇採購用品。

旅館的連鎖經營擴展遍布於全球，其主要目的在於共同採購旅館用品、物料及設備，以降低經營成本，提高服務品質，發揮硬體的設備功能，健全管理制度。最終目的仍在於業者聯合力量，建立共同的市場，以確保共同的利益。

在旅館經營活動裡負責採購消費材料者爲採購組，以採購物品爲主要業務。餐飲採購是十分艱鉅的工作，採購人員必須有豐富的學識，除了具備採購物品之專業知識外，對於會計、統計、電腦資訊均須加以研究，制定最佳的採購策略。一般而言，餐飲的採購政策可分

爲外購與自製、合約採購、獨家採購與多家採購等多種政策。餐飲採購之主要任務乃確保餐廳、廚房所需的物資能及時供給，以利生產與銷售的運作。

餐飲業採購部以採購主任爲主管，以下有數個採購人員所組成，採購主管隸屬於總經理管轄。採購部門常與倉儲、配送部門合併，組織爲後勤物料管理部門，工作職掌是廠商的選定、貨品的議價、訂貨、驗收品管、倉儲管理、提供財務部門完整的物料成本資料等。

採購的範圍以工作區分可分爲下列各組：

1.原料組：負責餐廳、廚房的食物、罐頭食品、調味品、蔬菜及水果的採購。
2.物料組：負責各種文具、日常用品、布巾類的採購。
3.設備組：負責各種烹調設備、餐廳桌椅之採購。
4.工具組：負責刀叉、器皿等生財器具之採購。

不論飯店規模的大小、組織工作如何分配，採購人員對採購的物品從供應商到交貨後的流向與使用情況，必須加以瞭解及追蹤。

採購爲一後勤單位，從食材、用品到設備器材，如能有效地控制成本，在競爭激烈的餐飲業中，應該穩操五成的勝算。

一、貨源選擇與採購要領

餐飲業如中餐、西餐、速食等，販售的菜式各不相同，故所需的貨源、規格、品種等，也各有特殊的要求，今將貨源分爲四大類加以分析如下：

1.食品生鮮類：包括各種肉類、海鮮、蔬菜、水果等。食品生鮮類的選擇要把握採購三要素：品質好、價錢低、服務好，更應注意市場的脈動、新鮮度的確保及供應商即時供貨的能力。

2.冷凍食品類：冷凍食品的方便性，在於保存期限較長，而且多經過初級加工。在選擇此項物料時，除了品質須加以考量外，對工廠的生產流程亦須審愼評估。

3.食品乾貨配料類：此類物料包括油、鹽、醬油、糖、南北貨配料等，保存期限較長，依廚房的需求，按一般採購原則處理即可。

4.用品雜貨類：此類物品爲餐廳用品，如刀叉、筷子、餐巾紙等，各種營業上需要用到的物品，採購人員可評估各項用品的用量，若達經濟採購量，可直接向上游的廠商採購，以降低成本。

採購量一般可藉由公式得出最佳訂購量，其公式爲：

採購量（含安全庫存量）＝每日用量×進貨天數×1.2

採購週期需考慮鮮度、耗用量、供貨期間及庫存空間，一般餐廳普遍採用的採購週期爲生鮮肉品、蔬果每日採購；冷凍食品每週或二十天採購；一般用品每月採購。

採購人員須充分掌握季節性的變動，必能取得成本低、新鮮度佳的當令食材，提供廚房製作精美佳饌，以吸引顧客。

採購部必須經常與廚房人員聯繫，根據主廚所開列的魚、肉、蔬果及各式乾貨來進行採購。採購的數量根據廚房用料預算以庫存量來決定，且採購物品交貨時間，須與廚房用料時間配合。

採購部必須與餐廳主管經常聯繫，根據餐廳主管所需的物品規格、用途、數量、品質以及交貨時間進行採購，並且與財務部、會計部保持聯繫，對於採購的預算、價款的支付方式及進貨帳目的登錄，必須事先磋商，共擬加強物料稽核管制的方法。

倉儲部門須將最新庫存量記錄表（**表12-1**）通知採購部，採購部也必須將進貨數量、進貨時間，通知倉儲部門。

品管部若發現物品規格、品質不符，應立即通知採購部門處理。

表12-1　庫存表

編號： 品名：	管理人： 安全庫存：			
日期	入庫	出庫	數量	結餘

資料來源：作者整理。

採購部門訂貨單應複寫二份。交貨單可作成三聯：第一聯為採購單，第二聯為請款單，第三聯為交貨單副本。將這些表單存放於交貨廠商。交貨廠商於交貨時，只要記入貨名、數量、單價，並在交貨時附上採購單即可，到了月底再提出請款單請款。採購單位可將採購單當作交貨單併用，並將訂貨單的副本與採購單核對，確認數量、重量、品質等項，然後在採購單上蓋章（**表12-2**）。

表12-2　採購單

＿＿年＿＿月＿＿日填 供應廠商： 地址： 服務項目：			電腦編號： 負責人簽章： 電話：		
供應項目	規格	數量	單價	金額	備註
總經理：	會計部：		採購部：	接洽人：	

資料來源：作者整理。

現金採購時，在三張複寫的採購單上記入貨名、數量、單價、金額及交貨人姓名。若賒帳購貨時，應將採購單分別製作轉帳傳票，記入採購商戶總帳內，並在傳票與總帳上蓋印。

二、庫存管理

旅館興建完成之營業初期，為使倉庫儲存物品管制更科學化、管理系統化，均編訂分類明細表方便於管理作業。

旅館庫存品依性質分為下列四大類：

1.食品類：包括罐頭及雜食品、酒類及飲料、香菸。
2.物品類：包括醫藥品、洗衣用品、光熱品、文具紙張、印刷品、客用物品、清潔用品、雜品、工務用品。
3.餐具類：包括玻璃餐具、不鏽鋼餐具、銀器餐具、陶器餐具、工藝品餐具。
4.棉織品類：包括餐廳用棉織品、客房用棉織品、員工用棉織品、制服。

若以200間客房旅館規模設定，則食品類多達151個項目，物品類有390個項目，餐具類有543個項目，棉織品類有123個項目，總計1,107個項目，由此可知旅館開幕前除了機電設備、空調設備、鍋爐設備、客房設備、餐飲設備，尚須採購一千多樣的物品，以供旅館的營業之用，因此採購人員必須有專業知識，始能肩負如此重大的責任。

餐飲業的庫存作業在旅館中屬較難管理的部門，任何一家飯店均需要完備的倉儲設施，將各項物料依不同的性質，妥善儲存於倉庫中，在最低價時，適時購入儲存，以降低生產成本及免於不必要的損失。

倉庫管理的目的為有效保管並維護物料庫存的安全，倉庫設計必須注意防火、防濕、防盜等措施，並且加強盤存檢查，以防止物料短缺及腐敗的發生。倉庫應有適當的空間，方便於物品搬運進出，儲藏物架的設計應注意不能太高。良好的庫存管理將使物料得以充分地使用，減少殘呆料的損失。旅館庫存採用電腦化作業，則完整、流暢的庫存物品管理，從驗收、入庫、單位成本計算、領用、盤點等，物品數量、金額即時掌握，提供人員作業掌控與操作的實用及簡易性（**表12-3**）。

良好的儲存與倉庫管理，可確保物品使用安全與方便，並可減少許多無謂的損失。儲存位置與盤點工作相結合，可節省管理的時間及增加盤點的正確性。儲存位置應固定，並標示清楚。儲放貨品時，應不妨礙出入及搬運，不阻塞急救設備、照明設備、電器開關及影響空調及降溫之循環。

表12-3　原料請領單

上輝大飯店餐飲原料請領單　　NO：008899

請領單位＿＿＿＿＿＿＿＿　　請領日期＿＿年＿＿月＿＿日

物料編號	品名	單位	請領數量	實發數量	單價	金額	備註

財務部	請領單位主管	倉庫管理	請領人

第一聯：領發後送財務部

資料來源：作者整理。

在存貨管理上，先進先出是一般最基本的要求，倉管人員必須做到進貨翻堆，新貨入庫時，必須先調整儲位，使用人員可依序取用，則可達成先進先出的原則。規模較大的旅館爲方便庫存管理，減少作業程序，在營業現場或廚房增設一小型儲存空間，每日由使用單位領取一日所需的物料，對使用單位是一方便有效的方式。

庫存的功能在使物料妥善保管，存貨管理區分爲物與料。「物」即設備，大至桌椅，小至餐巾碗盤，回轉慢，以減低折舊防止耗損；「料」即食品原料，回轉得越快，則獲利性越大。爲使物料管理完善，必須注重物料收發、帳卡處理、料的存管、物的存管、盤點等項目。

物料驗收時，雞、鴨、魚、肉、蔬果、生鮮、原料發交廚房備用，而乾貨直接入庫保管備用，進庫的每一種物料應該有單獨的料牌、單位、規格，以及收、發、存的數量。最滿意的庫存量稱爲基本存量（Base Stock）。爲預防季節性的缺貨及購入的原料發生瑕疵，設有安全存量，則能確保餐食的正常供應，而不會影響餐廳的營運。物料之出庫，應由使用單位如廚房、餐廳、酒吧等，提出出庫領料單（**表12-4**），而各負責主管須蓋章，申請的物料才能發出。領用手續須齊備，料帳才會清楚。發交廚房的物料，只發每日的必要量，保持所謂的基本存量，尤其是較昂貴的材料更應如此。乾貨庫存量以五天至十天爲標準。每月的最後一日，依據當月的領料申請單實施倉庫盤存清點。

物料驗收時，有驗收報告表；發料時，出庫時必須塡寫正確的出庫領料單；物料在各單位間移轉，應使用移轉單，轉貨並轉帳，作爲會計部門計算各單位實際發生成本與利潤的根據。

表12-4　物品請領單

上輝大飯店餐飲原料請領單　NO：003836

請領單位＿＿＿＿＿＿＿＿　請領日期＿＿年＿＿月＿＿日

物料編號	品名	規格	單位	請領數量	實發數量	單價	金額	請領原因				備註
								新領	銷售	遺失	損耗	

財務部	請領單位主管	倉庫管理	請領人

資料來源：作者整理。

專欄　希爾頓的經驗與格言

康拉德・希爾頓（Conrad Nicholson Hilton）1887年生於美國新墨西哥州的聖安東尼奧鎮。他於1979年1月3日病逝，享年九十二歲。自1919年與母親、一位經營牧場的朋友和一位石油商合夥買下僅有五十間客房的莫布雷（Mobley）旅館算起，他在旅館業奮鬥了六十個春秋。

1946年，他創立了希爾頓旅館公司（Hilton Hotel Corporation），總部設在美國加利福尼亞州洛杉磯的比佛利山（Beverly Hills）。1947年，這家公司的普通股票在紐約證券交易所註冊，這也是有史以來旅館股票

第一次取得這樣的資格，希爾頓旅館公司也是第一個在證券交易所註冊的旅館公司。到1986年底，希爾頓旅館公司已擁有二百七十一家旅館，九萬七千多間客房，居世界旅館集團第四位，當年資產總額達十三億美元，年營業額達七億四千萬美元，擁有雇員三萬五千人，占美國最大綜合服務公司的第九十一位。

1949年，為了便於到世界各國去經營管理飯店，希爾頓先生又創立了作為希爾頓旅館公司子公司的希爾頓國際旅館公司（Hilton International），總部設在紐約市的第三大街。到1990年，希爾頓國際旅館公司在世界上四十七個國家擁有一百四十二間旅館，另外，還有二十家正在建造中。

希爾頓先生生前始終擔任著希爾頓旅館公司和希爾頓國際旅館公司的董事長，他的成功經驗十分豐富。他在1957年出版一本自傳，書名為《來做我的貴賓》（*Be My Guest*）。在書中，他認為要經營管理好飯店始終需要關注下列五個方面的問題，即人們對旅館的要求、合適的地點、設計合理、理財有方和管理優良。他特別指出，希爾頓旅館發展成功的經驗主要有以下七點：

一、擁有自己的特性

每一家旅館都要擁有自己的特性，以適應不同城市、地區的需要。要做到這一點，首先要挑選能力好、足堪勝任的總經理，同時授予他們管好旅館所需的權力。

二、要編制預算

希爾頓先生認為，1920年代和1930年代美國旅館業失敗的原因，是由於美國旅館業者沒有像卓越的家庭主婦那樣編制好旅館的預算。他規定，任何希爾頓旅館每個月底都必須編制當時的訂房狀況，並根據上一

年同一月份的經驗數據編制下一個月的每一天的預算計畫。他認為，優秀的旅館經理都應正確地掌握：每年每天需要多少客房服務員、前廳服務員、電梯服務員、廚師和餐廳服務員等，否則，人員過剩時就會浪費金錢，人員不足時就會服務不周到。對於容易腐爛的食品的補充也是這樣。他又認為，除了完全不能預測的例外情況，旅館的決算和預算應該是大體上一致的。

在每一間希爾頓旅館中，有位專職的經營分析員。他每天填寫當天的各種經營報表，內容包括收入、支出、盈利與虧損，和累計到這一天的當月經營情況，並與上個月和上一年度同一天的相同項目的數據進行比較。這些報表送給希爾頓旅館總部，並彙總分送給各部，使有關的高級經理人員都能瞭解每天最新的經營情況。

三、集體或大批採購

擁有數家旅館的旅館集團的大批採購肯定是有利的。當然，有些物品必須由每一家旅館自行採購，但也要注意向製造商直接大批採購。這樣做不僅能使所採購同類物品的標準統一，價格便宜，而且也會使製造商產生以高標準來改進其產品的興趣。希爾頓旅館系統的桌布、床具、地毯、電視機、餐巾、燈泡、瓷器等二十一種商品都是由公司在洛杉磯的採購部訂貨的。每年就「火柴」一項，就要訂購五百萬盒，耗資二十五萬美元。由於集體或大批量購買，希爾頓旅館公司節省了大量的採購費用。

四、「要找金子，就一再地挖吧！」

挖金是希爾頓先生從經營莫布雷旅館取得的經驗。他買下莫布雷旅館做的第一件事，就是要使每一平方英尺的空間產生最大的收入。他發現，當時人們需要的是床位，只要提供睡的地方就可以賺錢。因此，他就將餐廳改成客房。另外，為了提高經濟效益，他又將一張大的服務檯一分為二，一半是服務檯，另一半用來出售香菸與報紙。原來放棕櫚樹的一個牆角也清理出來，裝修了一個小櫃檯，出租給別人當小賣店。當時，希爾頓先生自己還不得不經常睡在辦公室的椅子上過夜，因為凡是能住人的地方都住滿了客人。

希爾頓先生買下華爾道夫旅館後，他把大廳內四個裝飾用的圓柱改裝成一個個玻璃陳列架，把它租賃給紐約著名的珠寶商和香水商。每年因此可增加四萬二千美元的收入。買下朝聖者旅館後，他把地下室租給別人當倉庫，把書店改成酒吧，所有餐廳一週營業七天，夜總會裡又增設了攝影部。

五、特別注重對優秀管理人員的培訓

希爾頓旅館公司積極選拔人才到密西根州立大學和康乃爾大學旅館管理學院進修和進行在職培訓。另外，為了保證希爾頓旅館的質量標準和給員工以成才的機會，希爾頓旅館高級管理人員都由本系統內部的員工晉升上來，大部分旅館的經理都在本系統工作十二年以上。每當一個新的旅館開發，公司就派出一支有多年經驗的管理小分隊去主持工作，而這支小分隊的領導一般是該公司的地區副總經理。

六、強化推銷能力

這包括有效的廣告、新聞報導、促銷、預訂和會議銷售等。

七、希爾頓旅館間的相互訂房

隨著希爾頓系統旅館數量的增加，旅館之間的訂房越來越成為有利的手段。希爾頓系統每個月要處理三千五百件旅館間的訂房。希爾頓先生期望，不僅要使任何住在希爾頓旅館的顧客，都能預訂到其他城市的

希爾頓旅館，而且有一天要做到使環球旅行的旅客能始終住在希爾頓的旅館裡。為此，希爾頓旅館預訂系統早就實現了全球電腦聯絡網。位於紐約市的斯塔特勒希爾頓旅館是這一系統的心臟，一個電腦控制的預訂網路把希爾頓總部與其他旅館聯繫在一起。

希爾頓先生在1925～1930年期間，曾提出了一個經營口號，「以最少的費用，享受最多的服務」（Minimum Charge for Maximum Service）。這一口號反映了希爾頓先生對商業時代飯店經營特點的深刻認識。

希爾頓先生著名的治身格言是：「勤奮、自信和微笑。」（Diligent, Confident and Smile）他認為，旅館業根據顧客的需要往往要提供長時間的服務，和從事無規則時間的工作，所以勤奮是很重要的；旅館業的服務人員對賓客要笑臉相迎，但始終要自信，因為旅館業是高尚的事業。

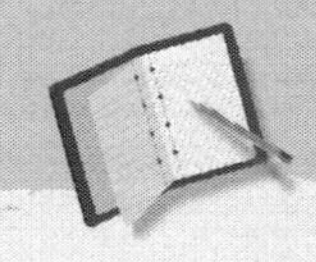

自我評量

1.何謂旅館固定資產的計價標準？

2.固定資產折舊可分為哪兩部分？

3.旅館的財物可分為哪四種？

4.旅館器皿設備之備品可分為幾種？

5.旅館房間內各式消耗備品有哪些？

6.採購的範圍以工作區分為幾組？

7.簡述倉庫管理的目的與庫存的功能。

8.什麼是希爾頓先生的經營口號與治身格言？

第七篇 行政管理

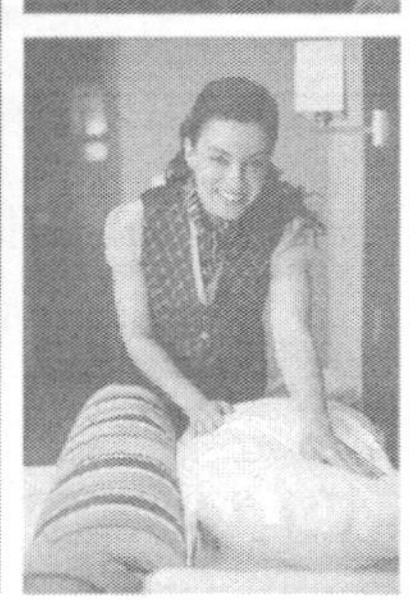

第十三章 人事及薪資管理

- 人力資源設定與坪效計畫
- 員工之甄選與考核
- 員工的薪資福利制度
- 員工的培育計畫
- 專欄——日本東京帝國飯店

第一節　人力資源設定與坪效計畫

客房與餐飲兩部門是旅館投資中最主要的營業收入來源，由於社會變遷與民衆觀念的演進，此兩部門在總收入的比例上也產生差異，原來以客房爲主的旅館行業，漸漸成爲社會人士應酬及婚禮、喜慶的場所，因此宴會部門收入也逐年增加，使國際觀光旅館與社區之間的結合愈來愈緊密，也成爲人力就業的目標，茲就其人力資源設定及平均使用效率加以闡述如下：

一、客房與餐飲經營結構比例

飯店的計畫是從住宿部門及其他部門的比率之決定而開始的，依照住宿占50%，餐飲及其他占50%，或是分占40%及60%，或是60%及40%之配比時，就已決定住宿部門的規模了。

由於台灣人口密度高，餐飲消費逐年增加，餐飲比例在都市型旅館營業收入比率逐年提升，尤其是宴會廳或大型中西餐廳吸引各式宴席的使用，使旅館占用較少面積的餐飲場所之坪效，超過大量面積的客房部。大體上，規模較小的旅館以客房爲主，規模愈大，餐飲部比率愈高，尤其單獨設有大宴會廳之旅館，如台北君悅、喜來登、晶華等旅館。

旅館總客房數中，依經營方針設定單人房、雙人房、套房等之比率分配。一般都市型飯店單人房較多，別墅型旅館以雙人房爲主，商業型旅館是單人房占70～80%。而最近都市型飯店也有雙人房占較多的傾向，雙人房面積由十坪提升到十五坪，浴廁面積加大，由兩坪提升到四坪，加設沖洗室將淋浴沖洗與浴缸隔開。

由於觀光旅館已成爲一個都市社區的社交中心，除了客房、餐飲之外，許多都市型旅館也投資部分空間作爲店鋪出租，即一般所稱的精品店，將客房、餐飲、百貨三合爲一（Three in One）對打，如晶華、福華即爲範例。此種經營情況下，其總收入比率有一參考數據，即客房45%、餐飲38%、其他（店鋪）收入14%、宴會廳租金收入3%。誠然，旅館經營方式與食、衣、住、行、育、樂之關係愈來愈密切，觀光從業人員應具備因應市場變動的適應能力，方能達成公司所交待的任務。

二、人力資源的設定

由觀光局於2007年的統計資料分析中，得知薪資及相關費用比率高達支出比例之33.24%，因此，在規劃旅館經營時，對人力資源應特別予以重視，在各旅館因本身時空條件各有不同情況下，人力的設定如下：

(一)依合理收支平衡的結構方式

從年度的收入中，提列適切的人事費用作預算，設定組織成員。標準的人力資源預算，約占營業額的25～35%。除了正式職員之外，尚包括臨時僱員或業務委託，此稱爲預算上的人力設定。

(二)依規模設施及作業量的方式

都市型旅館之人力因勤務時間的採取方法不同，而有明顯的變化，茲將各部門的人力結構分述於下：

◆住宿部門

因樓層間數、服務水準而增減，客房十至十二間設一名客房服務員；客房服務員十至二十人設有客房管理人（Housekeeper）一名，以監督服務員；客房十五至二十五間設有櫃檯事務員（Front Clerk）

一名。作業量比率一小時處理件數爲二十五至三十件爲一名；其他門僮、服務中心等因經營方針不同而互異，平均客房四十五至五十間爲一名；清潔人員則公共空間一千平方公尺爲一名。

◆餐飲部門

標準方式是以席位數量來設定，配合勞務實態而增減。餐飲服務員平均客席十六位即四桌爲一名。

◆宴會部門

服務員，正餐客席十至十二人爲一名外，另加助理服務員一名；酒會客席十至十五人爲一名；宴會關係正式職員：正餐客爲三十至五十席爲一名。另外，若在旺季則增聘臨時工支援。

◆調理部門

一般可考量爲服務部門定員的35～40%，而調理部門的人事費用是餘利的10～15%。

◆管理部門

營業部門及管理部門的人員比率在美國的情況是9：1，日本的情況是7：1，國內依國際觀光旅館從業人員數統計的資料顯示約4：1，因此國內管理部門比例有偏高的傾向。

(三)依經營方針及服務等級的方式

如前所述，除了人力設定的方向外，更需依企業方針來檢討服務品質。因此高單價、高品質的服務指向之旅館，必須要有較多的人力或高技能水準的職員。所以如果採用自助式服務（Self-Service）或較低廉費用的政策，比較客數作業量相同時，人力負擔就減少。

營運體制隨著時代、景氣不同而變化，須配合潮流確保必要的利

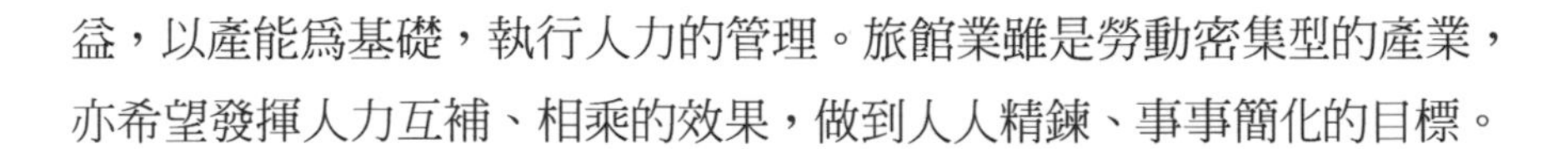

益，以產能爲基礎，執行人力的管理。旅館業雖是勞動密集型的產業，亦希望發揮人力互補、相乘的效果，做到人人精鍊、事事簡化的目標。

三、坪效計畫

旅館在規劃時，關於面積構成比率亦需考量將來的收支計畫。在美國方面，客房收入約占總收入二分之一，餐飲及其他部門約占二分之一；而日本都市型旅館，客房、餐飲及宴會其他收入各占三分之一；我國都市旅館客房收入約40%，餐飲（含宴會收入）更高達43%左右。

面積構成可分爲營業面積及非營業面積。客房部門的淨面積約爲客房總面積的65～70%。例如淨面積28平方公尺的客房有三百間時，客房淨面積爲8,400平方公尺，客房部門總面積即爲12,000～13,000平方公尺。餐飲部門不含廚房，每一席位以1.5～3.0平方公尺的面積計算。宴會部門以一席位爲1.6～1.8平方公尺設定爲原則。營業面積與非營業面積比率如下：

(一)營業面積

1.客房營業面積：34～55%。
2.客房公共空間：8～15%。
3.餐場面積每人：1.5～3.0平方公尺。
4.宴會廳每人：1.6～1.8平方公尺。

(二)非營業面積

1.賓客的動線、門廳、電梯、電扶梯間、客用廁所等：18～23%。
2.客務部門、布巾室、洗衣房等：3～5%。
3.廚房、驗收、倉庫、冷凍室等：4～7%。
4.管理部門辦公室等：3～5%。

5.從業人員之餐廳、更衣室、休息室等：3～5%。

6.機械室、水槽、工作室等：8～12%。

以上是簡略的概估，依旅館的規模設施及型別而變動。國內國際觀光旅館面積分配表如**表13-1**。

第二節　員工之甄選與考核

旅館業是屬於人力密集的產業，一家旅館成長發展的原動力，在於是否有優秀的人才，因此許多旅館業者將人才的培育視爲經營管理的重要課題。

旅館業要聘用稱職的員工，方可達成其經營的目標，所以必須有良好的招募與遴選計畫，有關員工之選用與考核，分述如下：

一、員工之甄選

旅館的人力需求確定後，則可進行人員的招募，招募是找尋員工使他們來應徵的過程。

表13-1　國內國際觀光旅館面積分配表

店別＼區域	客房	餐飲	店鋪	客房公共	一般公共	櫃檯	廚房	管理	機械	備註
喜來登大飯店	34.13	11.48	1.78	13.57	15.97	0.42	2.50	9.60	10.35	1.客房指純房間，不含走廊。 2.店鋪指收益性租賃商店。 3.總樓板面積不含停車面積。 4.國賓大飯店係高雄店。
福華大飯店	43.85	9.68	9.74	11.78	9.67	0.43	3.16	6.54	5.20	
晶華酒店	42.83	5.65	15.14	8.08	8.35	0.22	2.32	7.50	9.80	
國賓大飯店	44.22	11.79	0.56	14.42	11.70	0.32	2.58	4.21	10.72	
老爺酒店	42.52	4.92	0	13.93	10.18	0.44	2.03	13.46	12.52	
中信大飯店	48.05	8.20	0	15.85	10.45	0.48	3.67	6.07	7.23	
凱撒飯店	51.64	6.71	1.86	14.73	8.95	0.18	2.23	8.11	5.59	
平均值	43.90	7.60	4.20	13.20	10.70	0.40	2.70	7.90	8.80	

(一)招募的方法

招募的方法可分爲間接法、直接法及利用第三者。

◆間接法

間接法即是利用廣告徵求，如在電視、廣播、報紙、雜誌播出及刊登廣告。

◆直接法

直接法是利用校園求才、建教合作，如於每年四、五月，到各高中、高職及大專院校，辦理求才就業說明會；或與設有觀光科系的學校建立長期建教合作關係。

◆利用第三者

此種方式最常見的是透過公私立就業服務機構及人力銀行媒介，或以發放獎金鼓勵現職員工介紹。

(二)甄選的方式

◆面試的方式

面試的方式採取逐步面試及小組面試法：

1.逐步面試法：
  (1)初步面試：由職位較低的主管面試，若面試不合格者即予以淘汰，合格者才可進入錄用面試。
  (2)錄用面試：由職位較高的主管面試，面試合格者即予錄用。
2.小組面試法：由多位主試人共同面試應徵者，面試後立即討論決定是否錄用。

◆**心理測驗**

心理測驗包括智力測驗、學識測驗及性向測驗，是用來測試應徵者是否能擔任該項職務的另一種甄選方式。

1.智力測驗：此類測驗用於確定應徵者是否能勝任某種腦力工作，如會計、企劃等工作。
2.學識測驗：此類測驗可衡量應徵者所具備的知識或技能，如應徵出納、廚師或電腦方面職務，可用簡單的學識測驗加以測試。
3.性向測驗：此類測驗用以預測應徵者在接受適當的訓練後，是否具有特殊的潛能。這類性向包括：幹勁、恆心、內向性、外向性、說服力及自信心等。

甄選人員先以面試談話的方式，瞭解應徵者的家庭背景、求學過程、過去的學經歷及個人的嗜好及抱負，如再加以心理測驗，則更可決定應徵者是否能勝任某項工作、某項職位，而據以決定錄用與否。

二、人事考核制度

人事考核乃是對旅館從業人員的工作能力、工作表現與工作態度予以客觀、公正而有系統的評鑑。

人事考核爲人事管理制度中的重要環節，如果考核制度不健全，則其他人事管理工作也難有進展，所以要建立客觀、公開、公正的考核標準，才能健全人事制度。茲將人事考核之步驟與方法分述如下：

(一)人事考核之步驟

◆**成立考績評審委員會**

考績評審委員會的委員，由旅館業的主管、資深的幹部及績優員工代表組成，委員會的任務爲：

1.訂定考核的標準。

2.各單位員工考績之評審。

3.受理考績複審案件。

◆進行員工考核面談

每位員工的考核表，由直屬的主管與員工面談後評分，使員工瞭解自己的工作表現。評分後，呈部門主管複核。

◆考績委員會之評審

部門主管複核後的考績，送請考績委員會評審確認。

◆最高主管之核定

員工考績最後的核定權在最高主管，如無特殊情形，最高主管應尊重考績評審委員會的決定。

◆公布考核的結果

考核結果由最高主管核定後，以書面通知當事人，如當事人對考核結果有異議，於規定時間內，可向評審委員會申請複審。

◆執行考核之結果

1.作爲晉級、加薪、升遷、調職之依據。

2.發放獎金、紅利之依據。

3.接受嘉獎、表揚之依據。

(二)人事考核之方法

員工績效考核乃是對從業人員一年內工作表現的評核，雖然考核很難達到絕對的公平，也可能引起主管與部屬間的紛爭，但人事考核是客觀衡量員工績效良窳的工具，應加以重視，不可輕言廢止。

執行人事考核時，要力求考核方式的公平合理，應依照員工的職務、工作的性質及主管對員工的信賴度來評斷員工之績效，如此方能符合企業的需求，提升經營績效的正面效益，減少其負面的影響。

第三節　員工的薪資福利制度

薪資是員工工作之所得，是員工本身收入的來源。薪資對業者而言，是經營企業的主要成本之一，攸關業者盈虧。薪資是從業人員生活之主要依靠，薪資的高低代表員工在公司的地位，所以薪資制度的健全與否，是企業經營成敗的關鍵因素之一。

一、薪資制度制定之原則

薪資制度的制定，應符合下列三個原則：

(一)合理原則

合理原則乃是指員工的薪資所得足夠支付其生活所需的費用，近年來國民生活水準提高，對合理薪資的要求已超過勞委會所訂定的最低薪資標準。因此，在決定員工之薪資時，須顧及業者的負擔能力，及能否滿足員工生活之所需。

(二)公正性原則

公正性乃是指員工的薪資與自己工作的成果或跟其他同仁比較，而覺得公平合理。所以，對員工薪資的核定與調整，須有明確及公平之標準，達到薪資公正的原則。

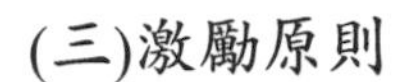

(三)激勵原則

員工薪資等級間應有適當的差距，才能產生激勵作用，職務責任重者應支領較高薪資，對工作績效特優或有重大貢獻者，也應有調高薪資或發給獎金的辦法，才能達到激勵員工努力工作之目的。

二、薪資體系之項目

薪資體系項目主要包括基本底薪、津貼或加給及獎金三大類：

(一)基本底薪

公司按員工之職位、年資、學經歷等因素支付之基本底薪。

(二)津貼或加給

員工因擔任工作性質有別於其他人員，公司所另給的津貼或加給。津貼或加給可歸類下列四種：

1.主管加給：擔任主管職務，公司依其職位之高低，按月給予主管加給。
2.技術加給：公司對於具有專精之技術或專業能力者，另外給予技術加給。
3.夜班津貼：公司對於必須於夜間或非正常工作時間須出勤者，所給予的津貼。
4.交通津貼：對於未搭乘交通車或外務人員所補貼的交通費用或車用油費。

(三)獎金

獎金是基本底薪外，所給予的金錢獎勵，包括績效獎金、全勤獎金、提案獎金、考績獎金、年終獎金等。

1.績效獎金：業者於一定期間或年終結算而有盈餘時，提出一定額度，視員工直接參與營運之績效高低，而分配給予。
2.全勤獎金：員工全年無請假、遲到、早退而給予的獎金。
3.提案獎金：員工所提的改善意見，經採用而有成效者，公司依提案的價值成效而給予的獎金。
4.考績獎金：公司定期對員工的工作表現加以考核，若成績合於規定者，則另發給獎金。
5.年終獎金：企業於年終依盈餘狀況，而給予員工之獎金，爲我國企業酬勞員工一年辛勤工作的一種傳統。

三、薪資調整

薪資調整可分爲下列三種方式：

(一)整體調薪

因物價上漲或配合外界薪資調整，公司對員工之薪資作全面調整。整體調薪的方式有的是增多若干百分比作同一比例的調整，也有的是以不同等級作不同百分比的調薪。

(二)個別調薪

員工因職務或職位的變動而給予調薪，例如由副理升經理、由服務員升領班等。

(三)考績調薪

員工的考績優良，公司按薪級予以晉級加薪或按原支薪給予若干百分比之加薪。

四、員工福利制度

福利是指員工除薪資收入外，還能享有的利益和服務。利益是指退休金、休假、保險等。服務則是指休閒設施的提供。員工福利廣義上包括除薪資外，還包含對從業人員物質上及精神上的待遇。

員工福利措施可分爲經濟性福利措施、休閒娛樂性福利措施及服務性福利措施三大類：

(一)經濟性福利措施

除了員工薪資、獎金外的經濟安全服務，以減輕員工的負擔或增加額外的收入，此類福利措施包括下列五項：

1.退休金給付：政府於2005年7月1日實施勞退新制，雇主須按員工薪資等級提撥6%作爲退休金，匯入勞工個人專戶，勞工年滿六十滿歲即可申請提領。

2.勞工保險或團體意外險、壽險、疾病醫療險等。

3.員工疾病與意外傷殘、死亡之給付互助金。

4.員工分紅入股、產品消費優待等。

5.對員工的撫恤，其經費多由業者負擔。

(二)休閒娛樂性福利措施

舉辦此類福利措施的目的在於促進員工身心健康，及加強員工對公司的認同感。例如舉辦國內外旅遊、慶生同樂會、歌唱比賽及各種體育活動，並設置各項運動設施，使員工得到最佳的休閒娛樂福利措施。

(三)服務性福利措施

由公司提供各項設備或服務，以滿足員工的需要，此類福利措施大多免費或只由員工負擔一小部分費用。例如業者提供的員工餐廳、宿舍、交通車、福利社、保健醫療服務、法律及財務諮詢服務等。

依據政府公布「職工福利金條例」，企業均須成立職工福利委員會，由業者與工會代表共同選派委員參加，工會代表人數不得少於三分之二。完善的福利措施可使業者的經營目標易於達成，而福利措施只是一種間接性的報酬，與直接報酬的薪資，兩者是相輔相成的。業者應重視員工的薪資與福利措施，才是完善的薪資福利制度。

2013年國際觀光旅館平均員工薪資（包括相關費用）爲每人每年609,545元（**表13-2**）。

表13-2　2013年國際觀光旅館平均員工薪資統計表（依地區別）

地區別	薪資及相關費用（元）	員工人數（人）	平均薪資（元／人）
台北地區	7,401,129,713	10,583	699,341
高雄地區	1,522,569,897	2,706	562,664
台中地區	718,655,221	1,358	529,201
花蓮地區	471,724,082	996	473,619
風景區	1,199,446,063	2,274	527,461
桃竹苗地區	939,949,047	1,786	526,287
其他地區	1,592,952,056	3,013	528,693
合計	13,846,426,097	22,716	609,545

資料來源：交通部觀光局。

第四節　員工的培育計畫

旅館業的發展最重要取決於是否有專業人才，因此在聘用人才時，須著眼於未來發展之需求，而且必須對現有的從業人員不斷地加以訓練與教育。訓練是提高員工在執行各項工作時所必須具備的知識、能力及態度；而教育則是增進員工的一般知識、能力及培養對環境的適應力。

旅館業在實施員工教育訓練時，不論是管理人員或基層從業人員，要明確認識實施員工教育訓練的目的，確實把握重點，減少不必要的浪費。

一、教育訓練的模式

爲建立健全的訓練體系，教育訓練工作應朝下列程序有系統地進行：

1.訓練計畫的擬定：內容包括受訓的對象、內容、方法、經費、課程的安排及師資的選定。
2.訓練計畫的實施：訓練計畫設定之後，則應按既定的時間、場地開始實施。
3.訓練成果之評估：訓練實施後要確實考評其結果，且將訓練成果配合人事制度，才能發揮人事管理的功能。

二、教育訓練計畫的主要內容

內容包括下列八項：

1.課程名稱。
2.訓練對象。
3.課程的設計安排及訓練方法。
4.訓練時間的排定與分配。
5.講師人選。
6.參考教材。

7.預算費用。

8.場地布置。

三、教育訓練計畫之實施

教育訓練對於新進員工應具有鼓勵性與啓發性，而不要採用塡鴨式的教育方式。教育訓練一般在職員工，務必使其在工作上符合規定的需求標準。員工的工作表現，在必要時得施予再訓練，以達到好的績效。

四、教育訓練成果之評估

教育訓練是一種投資，其訓練之成果，須由成效評估來達成，即計畫、實施、評估三者須緊密聯結，才能得知教育訓練成果與目標是否達成。

(一)教育訓練成果評估之功能

教育訓練成果評估之主要目的，乃是希望教育訓練之效果能接近預期的目標。經由成果評估，能對員工、講師、教育訓練主辦員、主管產生下列的功能：

1.瞭解教育訓練優缺點，改善教育訓練活動。

2.提升教育訓練品質。

3.激勵員工的學習動機與興趣。

4.促進講師、員工、主管及主辦人員良好的溝通效果。

(二)教育訓練成果評估報告

評估的結果應作成報告，在報告中應將各項考評資料作成完整的記錄，並且提出改善與追蹤的事項，以作爲將來改善之參考。

僅靠少數幾位傑出的人才，並不足以提高旅館業的經營效率，而須依賴明確的制度，全體從業人員能充分合作，發揮同舟共濟的精神，達成目標，才是最有效的管理。制度在設計時，必須針對旅館業本身的實際需要，詳細分析研訂，而在執行時，則必須遵守公司的規定，一視同仁，才能確保制度的合理、確實而有效率。有了合理化的制度，再加上人性化的管理，將使旅館業之經營體質能更加健全，而能達成服務顧客、創造良好業績的經營目標。

專欄　日本東京帝國飯店

日本東京帝國飯店（Imperial Hotel, Tokyo）是日本經營西式飯店的鼻祖，成立於十八世紀末，為專門接待外國元首及重要人士的迎賓館，同時也是日本引進西方文化的窗口之一，類似我國之圓山大飯店。

今日之東京帝國飯店仍然扮演著接待各國元首、外賓人士的角色，只是不再像從前那樣高不可攀，即使不住宿，也可入內用餐，喝杯下午茶。現在的飯店包括本館、昭和時期的東館及別館改建成的帝國塔，而成為一個現代化複合式的建築。帝國塔的地上三十一層，地下四層，客房有361間，並有辦公室及各種商店餐廳。

東京帝國飯店於1957年引進自助式餐飲（Buffet），被視為日本「吃到飽」的先驅。

晚餐秀（Dinner Show）是東京帝國飯店於1966年創始的，這種一邊用餐一邊欣賞表演的方式，成了日後大家爭相模仿的對象。晚餐秀餐廳可容納八十張桌、人數三百人。

東京帝國飯店除曾接待各國外賓，還有許多出名的人物也曾入住。例如1911年愛因斯坦、1932年默劇大師卓別林、1934年美國職棒大聯盟

全壘打王貝比魯斯，都曾住在東京帝國飯店。到了近代，各國元首、皇室、政要以及演藝名人等，更是不勝枚舉。

今日的東京帝國飯店，本館加上帝國塔部分，客房數達1,057間，設施應有盡有，各種機能完備。在帝國飯店可享受元首級的禮遇，並且嚐遍各國佳餚。

東京帝國飯店可以說跨越三個世紀，橫越明治、大正、昭和與平成四個時代，至今仍屹立不搖。

自我評量

1.餐飲部門及宴會部門的人力資源如何設定？

2.旅館依哪三種方式作人力資源的分配？請簡述之。

3.旅館營業面積占多少的比率？

4.員工招募的方法有幾種？

5.心理測驗包括哪幾種測驗？

6.制定薪資制度應符合哪三個原則？

7.薪資體系項目主要包括哪幾大類？

8.教育訓練計畫的主要內容包含幾項？

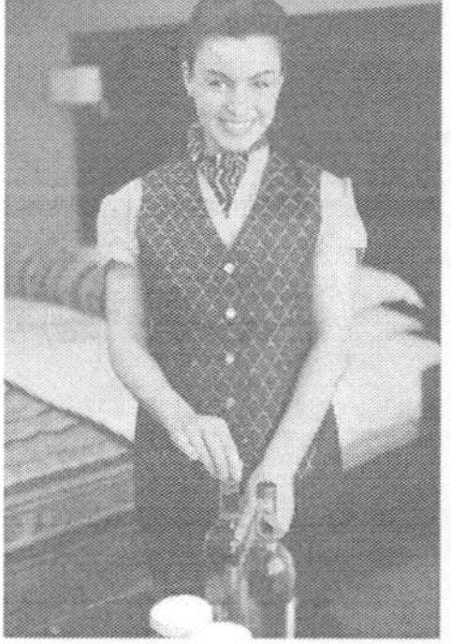

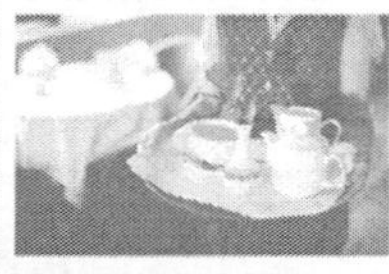

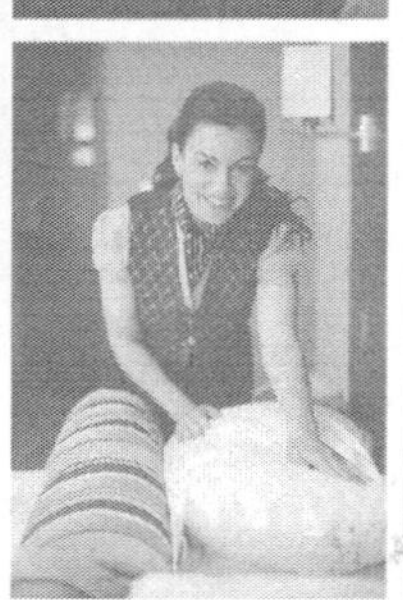

第十四章 安全管理

- 旅館的設備工程與維護
- 旅館的安全管理
- 專欄——泰國曼谷文華東方酒店

第一節　旅館的設備工程與維護

旅館的機電系統設備猶如人體的神經系統，不容忽視，旅館內的電氣、電訊、水管、冷氣、鍋爐、播音、裝潢及各種機械設備，都有專門技術人員從事操作、檢查與保養，如機械設備發生故障，工務部門應派員搶修，尤其是修護時，應與各單位協調才不會影響旅館的營運。

一、電力設備與空調設備

(一)電力設備

電力設備是旅館內動力的主要來源，電力係由電力公司供給，從戶外高壓輸配電引至旅館受電室中，再轉至終端使用的電器用品上，中間經過許多變電器、配電盤、電儀、幹線、支線、電線盒、出線口、各式開關等。電力系統包括下列各項：

◆動力

供給電源到空調機器、各種風扇、泵、洗衣設備、電熱設施等。為防止停電時造成不便，旅館設有緊急動力供電系統，由發電機在數秒之內即可供電。

◆變電器及配電設備

旅館專用的變電室內包括有變壓器、配電盤、電儀、防護斷路開關等設備。

◆燈光

供給電源到一般照明燈具、緊急照明燈具、指示燈具、裝飾燈具

以及各種小型電器插座等。

◆緊急發電機

電源中斷時，可用自備發電機供給電梯、緊急照明、通風及消防設施。緊急發電機能自動啓動及轉接到變電站之緊急供電系統內。

◆弱電設備

電壓110伏特以上爲強電，110伏特以下爲弱電，旅館的弱電設備包括：電話交換機系統、消防系統、客房指示器留言系統、音響系統、電視天線系統、安全防盜系統、監視閉路系統、翻譯設備、夜總會聲光控制設備和電視等。

目前較大規模旅館已採用安全性較高之不斷電供電系統，配合緊急發電機，以免因電路系統故障而影響旅館的營運。

(二)空調設備

空調設備是旅館機電系統中體型最大且占用的空間也最大。空調系統必須耗用許多的能源才能正常運轉，旅館一半以上的用電都用於空調系統。

空調系統應用獨立的配電盤和計費用電錶。各動力馬達有獨立的啓動器和防護裝置。

此外，旅館內的餐廳、廚房之冷藏庫、冷凍庫、食品陳列櫃等，均需利用冷凍冷藏系統，冷凍冷藏系統需要二十四小時運轉。

二、給水、衛生及排水系統

旅館建築中的水系統包括下列六項：

(一)冷給水管系

從屋外自來水幹管分出一管，經主水錶後流入旅館內接水槽內，然後再流到清水池內，以揚水泵揚高到樓頂儲水池中，再以重力供水到各水龍頭。

(二)熱給水管系

水先經一個熱水器加熱後，才由熱給水管系分配到各客房、廚房、咖啡廳、宴會廳等地方。

(三)蒸汽與凝回水管系

從蒸汽鍋爐出來的飽和蒸汽，由蒸汽管分送到熱水器、廚房、洗衣房等處。

(四)廢水管系

客房及廚房所排棄的廢水，由廢水管蒐集後，一樓以上直接排放到館外排水溝中，一樓以下排到廢水池中，由廢水泵打到館外排水溝中。

(五)汙水管系

旅館內的馬桶、小便斗有獨立的管系，把它排放到基礎化糞池中或館外化糞池中。

(六)雨水管系

現代旅館建築都是平屋頂，應設專用之雨水排水管系，雨水集中後由落水立管排出到旅館外排水溝中。

三、電梯設備

旅館屬超高層的建築，電梯為高樓層內的垂直交通工具，茲分述如下：

(一)電梯的分類

電梯依用途可分為：乘人用電梯、載貨用電梯、緊急用電梯、觀光透明電梯及電扶梯。

(二)電梯速度

電梯依速度可分為高速電梯、中速電梯及低速電梯。

◆高速電梯

速度一分鐘120公尺以上，馬達為直流、無齒輪驅動式。

◆中速電梯

速度一分鐘60～105公尺，馬達為交流或直流、有齒輪式。

◆低速電梯

速度一分鐘45公尺以下，馬達為交流、有齒輪或油壓驅動式。

(三)電梯機房位置

◆頂部安裝式

為最常用之一種，鋼索懸掛方式及附屬機件都簡單。

◆側方安裝式

為必須降低機房高度的安裝方式，鋼索的懸掛方式較複雜。

四、消防設備

消防設施系統的管系，分述如下：

(一)消防栓管系

旅館每一層樓都會有玻璃門的紅色消防箱，箱內有白色水龍帶、噴水瞄子、太平龍頭等。只要拉出水龍帶，打開消防栓口，即有水自瞄子沖出。旅館各層樓消防箱由立管連接，上通屋頂儲水池，下通基礎水池中的消防泵，也連通到旅館外的消防送水口，外來的水源得以供應旅館之需要。

(二)自動撒水管系

旅館各層樓的水平管遍布於平頂各處，在其下方每隔三公尺裝置一個自動撒水頭。平時撒水頭管內充滿壓力水，若某地方失火，該區撒水頭會受熱打開自動撒水，並且同時也會產生警報信號給火警受信總機，以維護旅館之安全。

(三)氣體滅火管系

旅館內的設備如電腦室、總機室、變電站、中央控制室，其設備昂貴，需用大瓶裝的液態氣體滅火，氣體爲二氧化碳，但二氧化碳會令人產生窒息，近來以海龍（Halon）作爲代替品來滅火。

(四)自動泡沫管系

旅館的地下室停車場發生火災，則須採用泡沫滅火。泡沫的管系與自動撒水管系一樣，當任何一個撒水頭感受到熱打開時，而開放閥能令下游區域內的多個泡沫頭一起噴出泡沫而滅火。

(五)手提滅火設備

在旅館每樓層皆可看到掛在牆柱上的乾粉滅火器，火災若發現得早，小火可以用手提滅火器滅火，滅火器一旦打開，即可噴出十幾秒鐘的白色粉末，即可滅火。

(六)防排煙系統

煙比火更可怕，根據統計，一旦發生嚴重火災，嗆死的人比燒死的多。高樓建築都規定要有太平梯間，作爲緊急逃生通路。旅館的樓層屋頂上有強力抽風扇抽出煙，另有一支送風立管把屋頂新鮮空氣經送風扇打入每層樓的太平梯間，經送風閘門供入，使煙更容易抽出。萬一發生火災，偵煙器偵測出煙的存在後，則經連動系統把閘門打開，並啓動屋頂的抽送風機，以減少住客遭嗆傷。

消防設施寧可不用，但不可沒有，此爲旅館投資者應有的正確理念。許多業者心存僥倖，只是應付政府檢查，一旦眞正失火，常因此損失慘重，而得不償失。

五、中央吸塵設備

觀光旅館內的灰塵必須清除，客人才會住得舒適。吸塵的目的是使客人覺得舒適、旅館保持衛生、保護空氣調節機械之耐久性，並且維護建築物、備品及商品的價値。目前很多飯店都是委託外面的專業清潔公司，利用吸塵器處理，它的優點爲簡化勞務管理的繁雜性及因作業專門化，效率提高，而且因業者相互競爭，價格也較低廉。

六、瓦斯管系及廚房設備

旅館的瓦斯管系由業者向瓦斯公司申請，由瓦斯公司派人來施工。配瓦斯管需要有專業瓦斯工程公司負責配管工程。瓦斯用來燒熱水鍋爐或蒸汽鍋爐，以提供旅館所需的熱水或蒸汽。

有關廚房設備，擁有大宴會場所的飯店，須設立專用廚房或副廚房。廚房是用水量多的地方，須用耐磨、耐水、防滑之優良建築。廚房的壁面多採用磁磚，容易清潔處理。

廚房之安全防災，應注意如下各項：

1.排油煙罩、排煙風管、排煙管道間，在適當位置皆必須設置專用滅火設備。
2.防爆裝置：於安裝瓦斯期間即設立裝置電源防爆燈、蒸汽設備附減壓閥安全設備，確保使用安全。
3.警報系統：裝置瓦斯外洩警告系統、火警警報系統。
4.安全測試：各項配管須作漏水、漏氣、測壓等安全測試，確保配管安全。
5.人員安全：訓練操作人員正確使用方法及注意事項。

七、電腦及通訊系統

(一)電腦系統

旅館的經營管理均需靠電腦的操作，才會省時、省力且效率高。電腦室的空調爲精密之空調，各型電腦的設備及安裝方式，須由廠商提供資料及維修義務。爲避免電源中斷，電腦須加裝「不斷電裝置」及蓄電池組。

(二)通訊系統

旅館的通訊系統亦十分重要，分述如下：

1.電話系統使用的用途分爲客房用內線及業務用內線，其相互之間不受干擾，並且提供相對功能之服務電話，而達到交叉輔助及服務功能。

2.提供特殊服務功能電話，以達到服務及詢問的用途，如：

Concierge（服務中心）	"1"
Front Desk（櫃檯）	"2"
Room Service（客房服務）	"3"
Business Center（商務中心）	"4"
Housekeeping（房務管理）	"5"
Wake Up Call（起床呼叫電話）	"6"
Operator（總機）	"7"
Outside Line（外線電話）	"8"

客人有任何需求只要撥打以上代號即可。

3.各分機依不同使用方法，可分爲內部與市外通話、長途直撥及國際直撥。

4.客房內另設連線掛壁機於浴廁內，以便收聽。

5.經理及服務人員呼叫系統，採用天線感應方式，利用無線電接收機接收呼叫，使被呼叫人員能及時得知，而能迅速與呼叫人聯絡。

6.設置傳眞機，提供旅客訂房及資訊等用途。

7.會議室系統，在會議廳內裝置可同時使用五種不同語言之系統。

8.電腦網路系統，經由電腦將各櫃檯帳單、訂房與退房資料傳送至管理部門及財務部門。旅館可利用電腦網路與外界達成資訊交通往來，此爲電腦網路系統之優點功能。

八、小結

旅館內的設備須細心地維護，管理上最重要的是須加強日常定期檢查、訓練員工具備良好的操作方法及成立緊急搶救小組，一旦發生機器故障，廠商能配合迅速修復。

旅館工務部主管須具有工務的知識與經驗，對於旅館的水電、燈光、冷氣、暖氣、蒸汽、鍋爐、升降機、洗衣機械、廚房機械、冷凍、電訊等裝置不完善時，應立即改善維護。工務部主管除了負責設計各種機器的圖樣和布置外，並經常注意下列各種記錄，如此才瞭解機器設備的狀況，以便能隨時準備保養與維修。

1.各種機械修理保養登記卡。
2.鍋爐運轉記錄表及鍋爐檢查、保養記錄卡。
3.工具及鑰匙登記卡。
4.水電、冷氣空調管路圖。
5.電梯運轉檢驗記錄。
6.發電機運轉記錄。
7.材料、燃料登記卡。
8.消防設備定期測試記錄。
9.水質處理記錄及蓄電池保養卡。

第二節　旅館的安全管理

旅館安全部門的主要職責是保護客人及其財產，以及旅館本身的財務安全。客房部與餐飲部是旅館最重要的兩個部門，若發生安全上的問題，其處理方法如下：

一、旅館客房意外及緊急狀況的處理

(一)火警之處理

若旅館發生火警，應立刻通知電話接線生，請他立刻通知主管發生火災的處所。房務員使用滅火器協助滅火，請旅客勿過分的慌張，切斷電源，由太平梯疏散旅客，切勿引導房客搭乘電梯，避免因停電而使旅客被關閉在電梯內，而造成不幸。旅館內所有值勤人員務必保持鎮定，不可慌亂，須以保護旅客生命安全爲重，不可只顧自身的安全。

(二)臨時停電之處理

旅館若發生停電時，服務人員切勿大聲喊叫，應該冷靜地在原工作崗位上等候旅館內的自動發電。服務中心領班要立刻查看電梯內是否有旅客被困在裡面，且應通知總機人員儘量與被困在電梯的旅客保持通話，以安慰被困的旅客。

(三)醉漢之處理

假如在旅館的營業場所遇有醉漢時，服務人員應該報告單位主管，會同安全室人員前往處理。如在客房內發現此種醉漢時，應該通知值勤人員，請醉漢勿影響其他房客的安寧，並且停止再供應酒類，服務人員在醉客入睡前，應注意菸頭是否已經熄滅，以避免發生火災。

(四)地震發生之處理

旅館各單位平常均備用手電筒、電池、急救箱，而且每一工作人員應瞭解瓦斯、電源、自來水等的開關位置，且要懂得關閉的方法。

地震發生中應注意的事項如下：

1.保持鎮定，迅速關閉電源、瓦斯開關，以防止火災之發生。
2.在客房內的旅客應立即逃至室外空曠的地方。
3.無法逃至室外的客人，應該選擇堅固且重心穩定的家具下躲避，以免被室內掉落物擊傷。
4.住在高樓層的旅客逃離時，切勿爭先恐後，否則會發生跌倒而受傷或被踏死的慘劇。
5.不可乘坐電梯，以免斷電時被困於電梯內。
6.總機應該立刻廣播發生地震。
7.工程部人員應立即管制用電及瓦斯總開關，以防火災，並且控制水源。
8.安全警衛應加強巡查，以嚴防乘機打劫的不法之徒，地震後應查看是否有人受傷須加以救助，並打開收音機，收聽地震狀況，以防餘震。

二、餐飲部之安全管理

旅館內大型的餐廳在尖峰時段動輒千人，假如發生任何意外或災害，餐廳的員工及顧客的生命都將受到威脅，且餐廳的財務會有可觀損失，所以經營者對餐廳的安全管理應該要特別重視。

餐廳的安全管理項目包括防意外、防偷、防搶、防火、防爆等，分述如下：

(一)防意外方法

1.餐廳地面若有油漬、水漬、湯汁要馬上清理乾淨，以防止客人或服務員滑倒摔傷。
2.對於走道上、工作區及儲藏區的障礙物須清除。
3.更換有破損或缺口的器皿及設備。

4.修理有破裂的地毯及更換有破損的桌椅。

5.訓練員工正確的搬貨技巧，笨重的物品須放穩固。

6.定期檢查插座、插頭、電線、電路開關，若有破損須立即請人修理。

7.訓練員工正確使用電器設備。

顧客中以兒童發生意外傷害的比例最高，應該規勸小孩不要在餐廳中亂跑，並將其帶回座位交給他的父母。若服務員上菜時，不慎將熱食潑灑到客人身上而造成燙傷，應視當時的情況及顧客的意願送醫診治。服務員若不慎碰撞到顧客，餐廳經理會依情況給予客人全額免費或飲料免費，以表示對客人的歉意。若客人自己不慎造成的傷害，餐廳可提供醫療用品如OK繃，但不負責醫療賠償。餐廳在裝潢時應該選擇好的建材及設計，才能減少意外的發生。

(二)防偷之方法

禁止員工將貴重物品帶至餐廳，若員工有偷竊行爲者立即開除。餐廳的燈光有充足的照明可預防店內及店外的犯罪行爲。投射燈須能照射到前門、走道、後門及外圍景觀。檢查門窗，若有破損應該立即找人修理。儲藏間必須上鎖，只有餐廳的經理、副理及幹部才能控制餐廳的鑰匙。

(三)防搶的方法

平常應該強化員工的警覺性，對於出入餐廳內的人，都要提高警覺，預防搶案的發生。若不幸發生搶案，首先要保護收銀、出納人員，趁機記下歹徒的容貌、身高、服裝、口音及所持的器械等，並儘速報警處理。

(四)防火的方法

◆餐廳防火應注意的事項

1.廚房要保持清潔，爐灶油垢要常清洗，以免火屑飛散引起火災。
2.易燃的危險物品不可靠近火源，如汽油、酒精、瓦斯筒、鋼瓶等。
3.油鍋若起火，應立即關閉爐火，除去熱源，並將鍋蓋緊閉。
4.所有關於電的工程，須由合格的電工完成。
5.工作時禁止抽菸。
6.不要同時使用多項電器，避免超過負荷而導致電線走火。
7.若發現電線走火，應迅速切斷電源，切勿用水潑在其上，以防導電。
8.平常可用肥皂水檢查瓦斯管及接頭是否有漏氣，瓦斯管以金屬品代替橡膠管，可以防止蟲咬或鼠咬。
9.每日工作完畢，必須清理廚房，檢查電源及瓦斯開關是否確實關閉。
10.平常要加強員工防災、救災的常識，訓練正確使用消防器材。滅火器及消防水栓須常檢驗以免失效。

◆火災發生時之應變措施

1.餐廳若遇火警，應立即切斷瓦斯及電源，火勢不大可用滅火器滅火，若火勢太大立即打119報警處理，並打開安全門讓顧客逃出。
2.電線走火立即切斷電源，切勿用水亂潑。
3.瓦斯外洩引起火災，應該斷絕瓦斯之源，並用泡沫滅火器滅火。
4.利用廣播告知客人火災地點，老弱婦孺優先疏散，疏散中如遇

濃煙迫近時，要使用溼手帕或溼毛巾將口鼻掩住。

5.疏散時不可使用電梯，並禁止客人返回取物。

6.檢查廁所內、餐廳內是否還有人未疏散，然後關閉火災區域之防火門。

(五)防爆的方法

防爆乃是防止歹徒放置爆裂物對餐廳加以恐嚇勒索。

1.餐廳各部門辦公室，絕不接受任何寄存物品，如接受寄存，應瞭解寄存人的身分及寄存時間。

2.辦公室、倉庫應保持整潔，若發現可疑物品時，應立即通報主管處理。

3.電話總機、餐飲部主管或秘書若接到歹徒的電話時，要保持鎮定，盡可能延長通話時間與歹徒周旋。

4.接到歹徒的電話或發現可疑的物品，應立即通報主管，由主管與警方聯絡。

旅館業的主管平時應教育員工如何預防各種事件及災害的發生，及正確的應變技巧，使損害降到最低，以確保顧客及員工的安全。旅館應就各種保險的種類、投保金額及保費的高低，詳細地加以評估，採用最好的投保組合，才能規避風險，以減少企業的損失。

專欄 泰國曼谷文華東方酒店

1876年丹麥籍船長安德森（H. N. Anderson）被委任建造一座義大利式的花園洋房，這就是曼谷文華東方酒店（The Mandarin Oriental Hotel, Bangkok）保留至今的「作家別館」（Author's Wing）。當時，泰皇拉瑪四世重新開啓泰國對外的大門，曼谷因特殊的地理位置，迅速成為水陸運輸的樞紐。文華東方酒店位於湄南河畔，有395間客房，工作人員多達1,200位，高品質的服務，數度獲選為全世界服務最佳的旅館。

從客人踏進旅館的那一刻起，不論在任何角落，都享有尊貴的對待。身著雪白制服的私人管家在客人Check-in後來到房內致意，親切地問候，給客人貼切的照料，換上微冰的礦泉水與雪白的毛巾，客人午後回房休息時已把點心送達。

曼谷文華東方酒店共有七種等級不同的套房，房價由美金280～2,200元不等。餐廳包括泰式、中式、法式、海鮮餐廳、現場演奏酒吧、河岸咖啡廳、義大利廳、午茶沙龍等。

「作家別館」以在此客居的知名文人作家為名，每間套房都採泰國王室風格，但依照不同作家的特色或喜好，構成客房的格調。如英國大文豪毛姆的客房，著重華麗的赭紅色、桃紅與金色的色彩，家具傳統且精緻。

「花園別館」的客房屬於四〇、五〇年代之風格，天花板垂吊著水晶燈，牆上掛著油畫，散發出柔美而復古的氣氛。

「河岸本館」的房間數最多，豪華套房備有頂級的音響，只要按下銀色按鈕，就可通知管家做客房服務了。

「Spa館」座落在一幢三層樓的泰式建築裡，館內空氣中瀰漫著檸檬香茅的辛香。旅館總經理花了一年的時間到各地旅行，尋找理想的

Spa藍圖，1993年Oriental Spa終於誕生了，它以泰國古法按摩與藥草為基本，創造了獨特的療程，因Spa因素的導入，而使企業轉向成功。

自我評量

1.旅館的弱電設備有哪些？

2.旅館的水系統包括哪六項？

3.旅館的電梯設備依速度可分為幾種？

4.簡述旅館的消防系統管系。

5.解釋旅館的電腦及通訊系統。

6.簡述旅館客房部意外及緊急狀況的處理方法。

7.試述餐飲部防意外及防爆的方法。

8.簡述泰國曼谷文華東方酒店之特色。

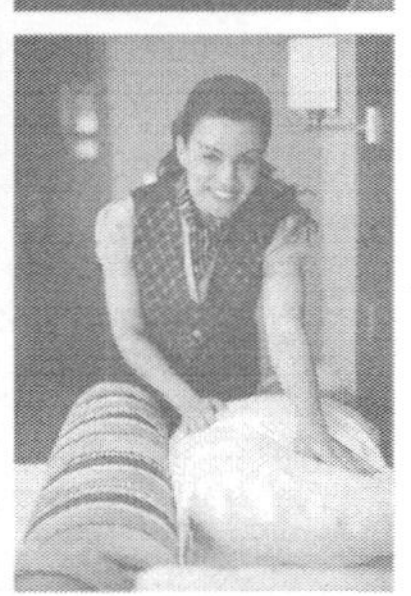

附　錄

- 附錄一　旅館業用語
- 附錄二　餐飲服務用語
- 附錄三　旅館會計科目用語

附錄一　旅館業用語

A

Accommodations　住宿設備

Activity Center（tour desk）　機場等觀光地區所設的旅遊服務櫃檯

Adjoining Room　無內門相通的各別相鄰客房（多人同遊時便於聯繫）

Agent　代理商

Air Curtain　空氣幕

Airfield　飛機場

Airline Company　航空公司

Airport Hotel（Airtel）　機場旅館（如桃園機場旅館）

Airmail Sticker　航空信郵戳

Allowance Chit　折讓調整單

Amenity　旅館內的各種設備、備品的統稱

American Plan　美國式計價（房租包括三餐在內，因美國風景區如國家公園內除旅館外獨立供應餐食地方甚少，且風景區幅員遼闊，通常要住宿數日，有必要三餐在同一旅館用餐）

Apartment Hotel　公寓旅館

Aperitif Bar　飯前為開胃輕酌的酒吧

Arcade　旅館室內商店街（如福華、台北君悅及台北喜來登商店街）

Assistant Manager　副理或襄理（日本系統旅館員工多為終身制，在副理Senior Asst. Manager之下、主任之上設襄理Junior Asst. Manager）

Assistant Housekeeper　客房管理助理員

ASTA（American Society of Travel Agents）　美國旅行業協會

Automat　自動販賣機（經濟型酒店內設有自助式販賣機）

B

Baby Bed　嬰兒用床

Baby-sitter　嬰兒保母（旅館附設遊樂設施聘用幫忙照顧小孩的保母）

Bachelor Suite　小型套房或單間套房（又稱Junior Suite，一般標準套房有兩房，而小套房的客廳僅有一大單房，加擺設一套沙發並以簡易方式與床隔開，價格較標準套房便宜）

Baggage Allowance　行李限制量

Ball Room　大宴會場

Banquet　豪華豐盛的宴會（又稱為Feast，通常為特殊事件或人物而隆重舉辦，會上常安排有人致詞）

Banquet Facility　宴會設備

Banquet Hall　宴會廳

Bar Tender　調酒員

Bath Mat　防滑墊（使用時應將有吸盤的一面向下接觸地面止滑）

Bath Room　浴室

Bath Tub　浴缸

Bath Robe　浴袍

Bay Window　向外凸出的觀景窗門（一般設於山、海等視野開闊建築）

Bed Cover　床罩（僅為美觀之用，房務員做夜床時要摺疊收藏）

Bed-and-breakfast（B&Bs）　房租包括早餐的簡便民宿旅館

Bellboy（Bellman）　行李員（也稱為Porter，美國舊有酒店櫃檯員按鈴呼叫服務員為房客提拿行李，乃有此一稱謂）

Bell Captain　行李員領班

Bell Room　行李間（放置房客寄放物品）

Beverage　飲料

Bidet　浴室內女用洗淨設備

Bill　帳單

Bill Clerk　收款員

Bistro　小型酒館

Boatel　遊艇旅館（備有舒適的小房間供遊客休憩用的遊艇）

Board Room　豪華會議室

Booking　訂位（即戲院、運動比賽的事先購票方式。旅館業訂房專用術語為Reservation）

Brochure　宣傳印刷品（常置於旅館櫃檯供人免費索取）

Brunch　早午餐（對於上午晚起的房客而言，十點至十二點的用餐）

Budget-type Hotel　經濟型旅館（專為符合公司出差預算價格而設，又稱為商務旅館，日本稱為Business Hotel）

Buffet　自助餐（美國以All You Can Eet字樣標示以招攬客人，適合慶祝性或紀念性聚會，客人支付固定餐費後即可對所有提供之菜餚無限自取享用）

Bungalow　別墅式平房

Bunk Beds　車、船上倚牆壁而設的上下雙層床

Business Center　商務中心

Business Hotel　經濟型商務旅館（也稱為Budget-type Hotel）

Butler Service　樓層專屬服務員（高檔旅館將部分樓層客房隔間及裝潢加以變化，設定為VIP會員或女士專屬的粉領樓層）

Busboy　跑堂（將廚房的菜送到餐桌旁，以便轉交服務員上菜）

C

Cabin　船艙、機艙

Cafeteria　自助餐廳（創始於美國，即入口設有餐台，客人先取大盤與餐具，每樣菜均有標價，菜台末端有收銀員計價，客人以實際拿取菜餚數量及種類付費後自行選位就餐）

Cancellation　取消訂房或取消班機

Card Key　卡鑰（客房以插卡方式為入門鑰匙）

Carrier　運輸公司

Cashier　出納

Casino　賭場

Catering Department　餐飲部

Catering-Manager　餐飲部經理

Chain Hotel　連鎖旅館

Chamber Maid（Room Maid）　客房女清潔服務員

Charters　包船、包機

Check in　住進旅館

Check in Slip　旅客進店名單

Check out　遷出旅館

Chef　主廚

Chilled Water　沒有冰塊的冰水（若加冰塊稱為Ice Water）

Choice Menu　可以任選之菜單

City Hotel　都市旅館

City Ledger　外客簽帳（本地公司與旅館簽約後定期支付的消費帳款。因掛帳單位非旅館現有房客而有外客之名，相對詞為Guest Ledger。主要供旅館每日結帳區分之用）

Cloak Room　衣帽間（寒帶區冬季時賓客進入室內將衣帽託管處所）

Cocktail Lounge　酒廊

Cocktail Party　雞尾酒會

Coffee Shop　咖啡廳、簡速餐廳

Commercial Hotel　商業性旅館（強調與休閒型旅館的功能差異）

Commission　佣金

Complaint　客戶對本旅館服務的抱怨、申訴

Complimentary　免費招待（因對方尊貴而免費，一般的情況用Free）

Complimentary Room　對尊貴來賓的免費房租招待

Concierge　旅客服務管理員（即歐美系統的行李服務中心）

Conducted Tour　有導遊指引的旅行團

Confirmation Slip　訂房確認單

Connecting Bath Room　兩室共用浴室

Connecting Room　有內門相通的兩間相鄰客房（便於出租給家庭並用兩間，而平時可個別銷售，若無內門即為相鄰客房Adjoining Room）

Continental Breakfast　大陸式早餐

Continental Plan　大陸式計價（房租包括早餐在內）

Control Chart　訂房控制圖

Control Sheet　訂房控制表

Convention　集會、會議

Conventional Bed　普通床

Coupons　服務憑單、聯單

Credit Card　信用卡

Crib　小兒床

Cuisine　烹飪

Currency　通貨、貨幣

Custom　海關

Customs Duty　關稅

D

Deluxe Hotels　豪華級旅館

Departure Time　出發時間

Dining Room　餐廳

Disembarkation Card　入境申報書（卡）

D.I.T.（Domestic Individual Tour）　本國籍的旅行散客

Do Not Disturb　請勿打擾

Door Bed　門邊床

Double Room　雙人房

Drug Store　藥房

Dual Control　雙重控制系統或制度

E

Elevator Boy（Girl）　電梯服務生（高檔酒店或百貨公司）

Emergency Exit　安全門

Escort　導遊人員

Excess Baggage　超量行李

Excursion　短程遊覽

Executive Assistant Manager　副總經理

Executive Housekeeper　房務管理主管

Extra Bed　加床（客房內加一單人床）

European Plan　歐洲式計價（即房租不包含餐食）

F

First Class Hotels　第一流飯店

F.I.T（Foreign Individual Tourist）　外國籍的旅行散客（非團體訂房的客人，是旅館業最主要的客源）

Flight Delay　飛機誤時

Flight Number　飛機班次

Floor Station　樓層服務台

Food & Beverage　餐飲

Foreign Conducted Tour　國外導遊旅行團

Foreign Exchange　外幣兌換

Front Clerk　櫃檯接待員

Front Office　前檯、櫃檯、接待處

Full House　客滿

Full Pension（American Plan）　美國式計價（即房租包括三餐費用在內）

G

General Cashier　總出納員

Good-Will Ambassador　親善大使

Greeter　接待員

Grill　烤肉館、餐廳

Guaranteed Tour　保證按期舉行之旅行團（通常有預付訂金）

Guest History　旅客資料卡

Guest Ledger　房客帳（相對於外客帳City Ledger）

Guide Book　旅行指南

Guided Tour　有導遊帶隊的旅行

H

Haberdashery　男用服飾品店

Hand Shower　手動淋浴

Harbor　港口

Hide-A-Bed　隱匿床（平時可收於牆壁上，用時由牆壁拉下）

High Way Hotel　公路旅館

Hotelier　旅館從業人員

Hotel Representative　旅館業代理商

Home Away From Home　家外之家（讓遊客有賓至如歸的感覺）

Hospitality Industry　接待服務業（強調旅館行業）

Hotel Coupon　旅館服務聯單

Hotel Chain　旅館之連鎖經營

Hot Spring Resort　溫泉遊樂地

I

IFTA（Internal Federation of Travel Agencies）　國際旅行業同盟

Inside Room　旅館向內或無窗戶的房間

K

Key Mail Information　櫃檯（保管鑰匙、信件，提供諮詢等服務）

L

Later Check In　較晚入住（已預訂的房客因故無法準時到達，通知將房間保留的動作）

Laundry Chute　洗衣投送管

Laundry List　洗衣單

Limousine Service　機場與旅館間定期班車

Lost and Found　失物招領（房客遷出後發現有遺留物品時，送交房務部待領，規定的時間無人領取時，旅館可交發現者取回）

M

Magic Door　電動開關門

Mattress　床墊
Maid　客房女服務生
Maid Truck　客房女清潔員用的布巾車
Mail Chute　信件投送管
Main Dining Room　主要餐廳（旅館內的代表性餐廳）
Make Bed　整床，做床
Make Up Room　清理房間
Manager　經理
Master Key　主鑰匙（可依等級分為樓層通鑰Floor Master Key，供單一樓層清潔用，以及緊急使用的Whole Master Key，可啓開全棟樓所有客房門）
Message　留言
Medicine Cabinet　醫藥急救箱
Menu　菜單
Mixing Valve　混合水管（冷熱水同一水管出水）
Modified American Plan　修正美國式計價（即房租包括兩餐在內）
Morning Call　早晨叫醒服務
Money Change　兌換貨幣
Motel　汽車旅館

Night Auditor　夜間稽核（旅館二十四小時無歇營業，半夜零時由財務部派員結帳，結帳後前來的房客則列入隔天收入帳中）
Night Table　床頭櫃（可放置電話或眼鏡等物品）
Night Manager　夜間經理
Night Club　夜總會
No Show　有訂房而沒有入住之旅客

Occupied Room　客已住用之客房
Occupancy　客房住用率

Off Season　淡季

On Waiting　候補（沒有位子的人先行登記等待有人取消時遞補）

One-Way Fare　單程車資

O.O.O.（Out of Order）　故障的客房（當客房因故無法出租時，房務部除通知工程部維修外，並由櫃檯在電腦房態表上標明本訊號，提醒暫停出售）

Open Kitchen　餐廳內為了彰顯廚房衛生以通透視覺方式設計的廚房

Over Booking　超收訂房（旅館旺季時預期有少數訂房會取消，乃超量接受訂房，以免屆時會有空房出現）

Over Land Tour　水陸相間的旅遊行程（例如：旅客由基隆上岸，經過陸地觀光後再出由高雄搭乘原來之輪船離開）

Package Tour　包辦旅行（出發前一次繳款後途中不再另付額外開支）

Page　在機場、旅館等公共場合內以廣播擴音器呼叫尋人

Parking　停車場

Passenger　旅客

Passport　護照

Private Bath Room　專用浴室

Pass Key　通用鑰匙

Personal Effects（Personal Belongings）　隨身攜帶之物品

Porter　行李服務員、服務生

Public Space　公共場所

Quarantine　檢疫（世界衛生組織WHO規定在出入境機場及港口設置檢疫工作站，法定傳染病有天花Smallpox、霍亂Cholera、黑死病Pest、黃熱病Yellow Fever、斑疹傷寒Typhus、回歸熱Recurrent Fever等六種）

R

Reception Clerk　接待員（即Room Clerk櫃檯接待員。電腦使用後將客房分配、住宿登記、客房推銷、接待房客及住宿表格填寫等工作合而為一）

Recreation Business　遊樂事業（強調硬體建設，如劍湖山、月眉）

Register（Registration）　房客入住旅館辦理登記手續

Rental Car　租車

Reservation　訂房（泛指事先為旅客保留座位、艙位、客房均可）

Reservation Clerk　訂房服務員（其任務是將承諾的預約函件按時間先後登記，並迅速答覆顧客或旅行社。無法接受的預約要求亦應儘早回覆對方）

Resident Manager　駐館經理或副總經理

Residential Hotel　長期性旅館（以接待長期療養或居留房客為主）

Resorts　休閒遊樂區（強調自然生態景觀優美或氣候宜人，如墾丁）

Resort Hotel　休閒旅館（以溫泉療養、自然生態景觀或氣候宜人為主）

Room Clerk　櫃檯接待員（電腦使用後將客房分配、住宿登記、客房推銷、接待房客及住宿表格填寫等工作合而為一）

Room Number　房間號碼

Room Rate　房租

Room Revenue Rate　住房營收率（即Average Room Rate平均住房率。如某旅館客滿時一天營業額25,000元，四月份房租收入60萬元，則其平均住房營收率為八成。即600,000÷25,000÷30＝80%）

Room Service　客房內用餐服務（價格為菜單價目另加2成服務費，台灣許多索價較高的情愛汽車旅館流行以提供免費Room Service早餐為號召）

Round Trip　來回行程（相對詞為單程One Way Trip）

Routing　常規性旅遊路線（相對詞為特別行程Special Course）

Room Slip　配房通知單（櫃檯為已預訂旅客先行分配入住房號）

S

Safe Box　保險箱（通常置於旅館櫃檯，酒店則在每間客房內設置）

Salad Bar　沙拉吧台（某些餐廳顧客點選主菜以外，另設有沙拉吧台讓來賓自行取用蔬菜、甜點及部分飲料）

Schedule　行程表

Semi-Pension　內含兩餐的房價

Semi-Residential Hotel　半長期旅館（提供三至六個月住宿的酒店公寓）

Service Charge　服務費（可明示規定的收費，若由顧客自由給付者稱為小費Tips）

Service Elevator　員工電梯

Service Station　各樓服務台

Sheet Paper　冷熱飲料杯底紙墊

Shower Bath　淋浴，蓮蓬浴

Shower Curtain　浴室水簾（防止淋浴水四處飛濺）

Sightseeing　觀光

Sleep Out　外宿（房客辦完入住手續後卻未進房住宿過夜）

Snack Bar　速食廳、簡易餐廳

Sofa Bed　沙發床（又稱Studio Bed兩用床。平時為沙發，夜晚將椅墊拉出成為單人床）

Spa　溫泉浴場

Special Suite　特別套房

Stationary Holder　文具夾（置於客房書桌上，內有本旅館服務簡介及信封、信紙、筆、宣傳印刷品等免費提供文具紙張）

Sticker　行李標貼

Suburban Hotel　都市近郊旅館

Subway　地下鐵路

Suite　套房

T

Table d' Hote　全餐，豪華套餐

Tariff（Room Tariff）　房租定價表（實際房價則另行約定）

Tea Party　茶會（以自助式點心加雞尾酒或飲料為主，不設座位）

Technical Tourism　產業觀光（以觀摩產業發展為目的之旅遊）

Terminal Hotel　終點站旅館（提供交通運輸終點站旅客休息使用）

Time Table　時間表

Tips　顧客自由給付的小費（Service Charge為明示規定的服務費）

Tissue Paper　化粧紙

Tour　旅行團

Tour Basing Fare　基本旅行費用

Tour Conductor　旅行團的領隊（到達各地遊覽時另有當地導遊Guide）

Tour Manager　觀光部經理

Tour Operator　組織遊程的旅行社

Tourism（Tourist Industry）　觀光事業

Tour Guide　旅遊區當地的導遊人員（與領隊Tour Conductor不同）

Tourist　觀光客

Transfers　接送

Travel Agent　旅行社

Transit Hotel　過境旅館（在機場或港口提供因故短時間住宿休息的旅館）

Travelers Cheque　旅行支票（美國運通公司American Express Co.的偉大發明，通常需要預購，每張旅行支票均有定額，雖然信用卡使用後市場縮小，但在大陸等信用卡申請不易地區，若要出國觀光，仍以預購旅行支票為宜）

Travel Industry　旅遊事業

Turn Down Service　做夜床（服務員每天下午為房客將床罩收起，床單翻折30度成為開床狀態，關上窗簾，浴室鋪上腳踏巾，枕頭邊放置小餅乾或巧克力，提供舒適的就寢氛圍）

Twin Room　雙人房（兩張單人床，若Double Room則為一張雙人床）

Two in One Room Basis　兩人合住一間雙人房為遊程價格標準（包辦旅遊

Package Tour的住宿安排計價，如客人要求單人房，應另行加價Single Extra）

U-Drive Service　私家車出租（租車公司不提供司機）

Unoccupied（Vacant Room）　空房

Uniform Service　旅客服務（包括機場接待員、門衛、行李員、電梯服務員等，將旅客接到房內之一貫服務）

Vacation　假期（如僅兩三天則稱Holiday假日）

Vaccination Certificate　預防接種證明書（或稱黃皮書Yellow Book）

Valuables　貴重物品

V.I.P.（Very Important Person）　重要貴賓

Visa　簽證（出國時除護照外應有目的國外交部門核准的入境許可，分為落地簽、短期單次及長期多次等，依各國互惠條件而異）

Waiter　男服務生

Waitress　女服務生

Wash Room　盥洗間（同義詞有Rest Room、Toilet）

Wash Towel　浴巾

Youth Hotel　青年招待所、青年之家（低價提供青少年住宿，除了客房外也備有集會所、食堂、自炊廚房等，並嚴格規定使用時間，入住的青年絕不許有人種、宗教及階級的區別，兼具社會教育的意義）

資料來源：參考自詹益政（1994）。《旅館經營實務》，頁471-474。

附錄二　餐飲服務用語

A

A La Carte　按菜單點菜（相對詞為Table d' Hote餐館內有固定價的合菜、定食）

American Breakfast　美式早餐（內容較豐富，有果汁或鮮果Juice or Fresh Fruits、肉類火腿Ham、培根Bacon或臘腸Sausage、蛋類、土司Toast或麵包，及咖啡或茶）

American Service　美式服務（菜餚從客人左側供應，飲料由右側，盤碟由右側收取，以便捷省力為原則）

Aperitif　飯前開胃酒（如雪莉Sherry或苦艾酒Vermouth）

Appetizer　飯前開胃菜（如小蝦盅Shrimp Cocktail）

B

Banquet　豪華豐盛的宴會（又稱為Feast，通常為特殊事件或人物而舉辦，會上有人致詞）

Barbecue　烤肉餐（通常為戶外舉辦，如蒙古烤肉稱為Mongolian Barbecue）

Beef　牛肉（牛的統稱為Steer，小牛稱為Calf，牛肉為Veal）

Boil　煮

Boston Cream Pie　波士頓派

Brandy　白蘭地（以葡萄或其他水果為原料釀造的烈酒，參見Cognac）

Bus Boy　餐廳練習生

Buffet　自助餐（美國以All You Can Eat字樣標示以招來客人，適合慶祝性或紀念性聚會，客人支付固定餐費後即可對所有提供之菜餚無限自取享用）

Butter　奶油（指固態牛奶油。若原料為植物油稱為Margarine）

Butter Chip　放置奶油的小碟子

Butter Knife　塗奶油用刀（若非刀形而為壁鏟狀則稱為Butter Spreader）

C

Cafeteria　自助餐廳（創始於美國，即入口設有餐台，客人先取大盤與餐具，每樣菜均有標價，菜台末端有收銀員計價，客人以實際拿取菜餚數量及種類付費後自行選位就餐）

Carry Out Service　外賣

Cereal　穀類農作物（Barley大麥，Corn玉米，Millet小米、粟，Oats燕麥，Rice稻米，Rye裸麥、黑麥，Sorghum高粱，Wheat小麥）

Champagne　香檳（尤指法國生產含有二氧化碳的起泡白葡萄酒）

Cheese and Biscuits　乳酪與餅乾（宴會或雞尾酒會時經常將乳酪切塊置於餅乾上供人食用）

Cocktail　雞尾酒（兩種以上的含酒精飲料混合而成。參閱Mixed Drink）

Coffee　咖啡（若不加糖及奶水稱為Black Coffee黑咖啡）

Cognac　干邑（法國西南部的葡萄酒產地，該地產有佳質的白蘭地酒。法國立法規定只有該地的Brandy才可稱為Cognac Brandy干邑白蘭地）

Condiments　調味品〔Cruet桌上調味瓶，Ketchup番茄醬，Mustard芥末，Pickle泡菜，（White）Black Pepper（白）黑胡椒，Salt鹽，Spice香料，Vinegar醋〕

Course　一道菜或點心（主菜稱為Main Course）

Curry　咖哩

Cutlery　餐具統稱（包含Knife刀、Fork叉、Spoon匙、Ladle服務用長柄盛湯的勺子）

D

Dessert Fork　點心叉

Dessert Knife　點心刀

Dinner Fork　餐叉

Drumstick　烹調過的雞腿肉（俗稱Chicken Leg）

English Service　英式服務

Entrée　即西餐中的主菜（又稱Main Course，一般為熱的肉食）

Finger Bowl　洗指盅（與需要手指取用的有殼海鮮菜餚一起上桌，裡面裝的水僅供洗指不可飲用）

Fish　魚（常見有Cod鱈魚，Crab蟹，Crayfish小龍蝦，Eel鰻魚，Halibut比目魚，Lobster龍蝦，Octopus章魚，Oyster蠔，Prawn大斑節蝦，Salmon鮭魚，Sardine沙丁魚，Shark鯊魚，Shrimp小蝦，Squid魷魚、烏賊，Trout鱒魚）

Fish Fork　魚叉

Fish Knife　魚刀

Flowers　花卉（苜宿Clover，雛菊Daisy，蒲公英Dandelion，風信子Hyacinth，百合Lily，水仙花Narcissus，蘭花Orchid，鬱金香Tulip，紫羅蘭Violet）

French Fries　油炸馬鈴薯條（薯片為Chips）

Gin　杜松子酒（以穀類原料釀造的無色烈酒）

Gourmet　美食家

Hock　豪客葡萄酒（德國生產的白葡萄酒）

Host　男主人

Hostess　女主人

L

Leftovers　餐後的剩菜（尤指下一頓飯時可再拿來吃的剩餘菜餚）

Liver　肝（如Chicken Liver雞肝）

M

Main Course　西餐中的主菜（又稱Entrée，一般為熱的肉食）

Martini　馬丁尼（以杜松子酒、苦艾酒混合而成）

Meat　肉類食物（主要為家畜如Beef牛肉，Veal小牛肉，Pork豬肉，Ham火腿、Bacon醃燻豬肉，Lamb羊肉，Rabbit兔肉。至於家禽類肉食品請參閱Poultry）

Menu　菜單

Milk Shake　奶昔（將牛奶加霜淇淋等攪打而成的飲料）

Mixed Drink　混合酒（一種酒精成分飲料加不含酒精飲料混合而成的甜味飲品。如果沒有甜味應冠以Dry字樣。參閱Cocktail）

Mutton　羊肉（羊稱為Sheep）

N

Nuts　堅果（杏仁Almonds、栗子Chestnuts、果仁Kernel、腰果Nuts、核桃Walnuts、花生Peanuts、開心果Pistachio nuts）

O

Omelet　炒蛋捲

Onion Rings　炸洋蔥圈

Oyster Fork　牡蠣用叉

P

Pan Fry　用平鍋炒或炸的烹飪方式

Pickle　泡菜（以鹽水或醋醃製，如Korean Pickle韓國泡菜）

Pie Fork　派餅叉

Pizza　比薩（將水果、肉餡或蘑菇等鋪陳在麵皮上方烤成的圓形義大利薄餅）

Pork　豬肉（豬稱為Pig）

Port　波多酒（葡萄牙生產帶有甜味的紅、白葡萄酒）

Poultry　家禽統稱（有Chicken雞肉，Duck鴨肉，Geese鵝肉）

R

Rum　蘭姆酒（以甘蔗提煉濃糖漿為原料釀造的烈酒）

S

Salad Fork　沙拉叉

Seafood Cocktail　海鮮雞尾開胃品

Service Plate　托盤

Service Stand　餐食服務台兼餐具台

Sherry　雪莉酒（尤指西班牙產的淡色或深褐色葡萄酒）

Soup　湯（分為以骨頭燉煮後過濾的清湯、加奶油的濃湯，及加上蔬菜和麵粉使其濃稠的骨頭濃湯三種）

Soup Spoon　湯匙（喝湯專用圓形湯匙。若為橢圓形多用湯匙通稱Table Spoon）

Spirits　烈酒

Steak Knife　牛排刀

Straw　飲料吸管（源於中空的麥稈）

Sundae Spoon　聖代用匙

T

Table d'Hote　餐館內有固定價的套餐、定食（相對為A La Carte按菜單點菜）

Table Setting　餐桌上布置餐具

Table Spoon　湯匙（喝湯或服務用）

Tea Spoon　茶匙

T-Bone Steak　丁骨牛排

Tray Stand　放盤架

Vegetables　蔬菜（Asparagus蘆筍，Bean菜豆，Cabbage甘藍，Carrot胡蘿蔔，Cauliflower花椰菜，Celery芹菜，Cucumber胡瓜，Eggplant茄子，Leek韭菜，Lentil扁豆，Lettuce萵苣生菜，Mushroom蘑菇，Onion洋蔥，Pea豌豆，Spinach菠菜，Tomato番茄，Ginger薑）

Venison　鹿肉（鹿稱為Deer）

Vermouth　苦艾酒（或稱味美思酒，有草本藥味道的白葡萄酒）

Waitress　女服務員（主要工作為點菜Taking Order、清潔Clearing、結帳Check the Bill）

Wine　葡萄酒（專指以葡萄為原料生產的酒。其食物搭配方式可分三種：深色葡萄連皮一起釀製成為吃肉配食的Red Wine紅酒；淺黃色葡萄連皮一起釀製成為搭配魚及雞肉飲用的White Wine白酒；另以深色葡萄去皮後釀製成為吃肉或魚均可配食的Rose粉紅玫瑰酒）

Whiskey　威士忌（指產於愛爾蘭及美國，以發芽的穀類如大麥製成，酒精含量43～50%的烈酒；Scotch專指產於蘇格蘭的威士忌；Bourbon波旁酒專指產於美國的威士忌；Rye為美國生產的黑麥威士忌）

Yoghurt（Yogurt）　優格優酪乳（將牛奶加乳酸菌後的乳製品，常與水果一起吃）

附錄三　旅館會計科目用語

Revenue　收入
Operating Revenue　營業收入
Room Revenue　客房收入
Food and Beverage Revenue　餐飲收入
Amusement Facilities Revenue　遊樂設施收入
Guest Laundry Revenue　洗衣收入
Other Operating Revenue　其他營業收入
Non-operating Revenue　營業外收入
Interest Earned　利息收入
Profit on Investments　投資收益
Gain on Sales of Assets　出售資產利得
Overage on Inventory Taking　盤存盈餘
Expenditure　支出
Operating Costs　營業成本
Room Costs　客房成本
Salaries and Employee Benefits　用人成本
Other Expenses　間接成本
Guest Supplies　客用消耗品
Glassware China　玻璃、陶瓷品
Cleaning Supplies　清潔用品及清潔費
Laundry　布巾、窗簾、制服等洗滌費
Decorations　裝飾費
Traveling and Transportation　旅運費
Reservation Expenses and Commission　訂房費及佣金
Printing and Stationery　文具印刷費
Uniforms　服裝費
Business Taxes　稅捐
Miscellaneous　什費

Food and Beverage Costs　餐飲成本

Cost of Food and Beverages Consumed　直接成本（材料成本）

Guest Laundry Costs　洗衣成本

Other Operating Costs　其他營業成本（其他營業收入之有關成本）

Operating Expenses　營業費用

Rental Expenses　租金支出

Postage Telephone and Telegraph　郵電費

Advertising and Promotion　廣告費

Electricity and Water　水電費

Insurance Premium　保險費

Entertainments　交際費

Donations　捐贈

Loss on Bad Debts　呆帳損失

Depreciation and Depletion　折舊及耗竭

Amortization Expenses　各項攤提，即分期攤銷之各種遞延費用

Employees' Welfare　職工福利

Fuel　燃料費

Non-operating Expenses　營業外支出

Interest Expenses　利息支出

Loss on Investments　投資損失

Shortages on Inventory Taking　盤存虧損

Other Non-operating Expenditure　其他營業外支出（凡不屬於上列科目之非營業性支出）

City Ledger　外客簽帳（本地公司與旅館簽約後定期支付的消費帳款。因掛帳單位非旅館現有房客而有外客之名，相對詞為Guest Ledger。主要供旅館每日結帳區分之用）

Guest Ledger　房客帳（相對於外客帳City Ledger）

參考書目

牟秀茵等（2002）。《亞洲精選旅館》。台北：城邦文化。

郭春敏（2003）。《房務作業管理》。台北：揚智文化。

郭春敏（2003）。《旅館前檯作業管理》。台北：揚智文化。

楊上輝（2004）。《旅館事業概論》。台北：揚智文化。

楊上輝（2004）。《旅館會計實務》。台北：揚智文化。

楊長輝（1996）。《旅館經營管理實務》。台北：揚智文化。

經濟部商業司（1995）。《餐飲業經營管理技術實務》。台北：經濟部商業司。

葉樹菁編著。《2013年臺灣地區國際觀光旅館營運分析報告》。台北：交通部觀光局。

詹益政（2002）。《旅館管理實務》。台北：揚智文化。

薛明敏（1999）。《餐廳服務》。台北：明敏餐旅管理顧問公司。

餐飲旅館系列

旅館經營管理實務

作　　者／楊上輝
出 版 者／揚智文化事業股份有限公司
發 行 人／葉忠賢
總 編 輯／閻富萍
特約執編／鄭美珠
地　　址／新北市深坑區北深路三段 260 號 8 樓
電　　話／(02)8662-6826
傳　　真／(02)2664-7633
網　　址／http://www.ycrc.com.tw
E-mail／service@ycrc.com.tw
ISBN／978-986-298-223-5
初版一刷／1996 年 5 月
二版一刷／2009 年 7 月
三版一刷／2016 年 4 月
定　　價／新台幣 420 元

國家圖書館出版品預行編目（CIP）資料

旅館經營管理實務 / 楊上輝著. -- 三版. -- 新北市 : 揚智文化, 2016.04

面 ;　公分. -- (餐飲旅館系列)

ISBN 978-986-298-223-5(平裝)

1.旅館業管理

489.2　　105005803